U0076813

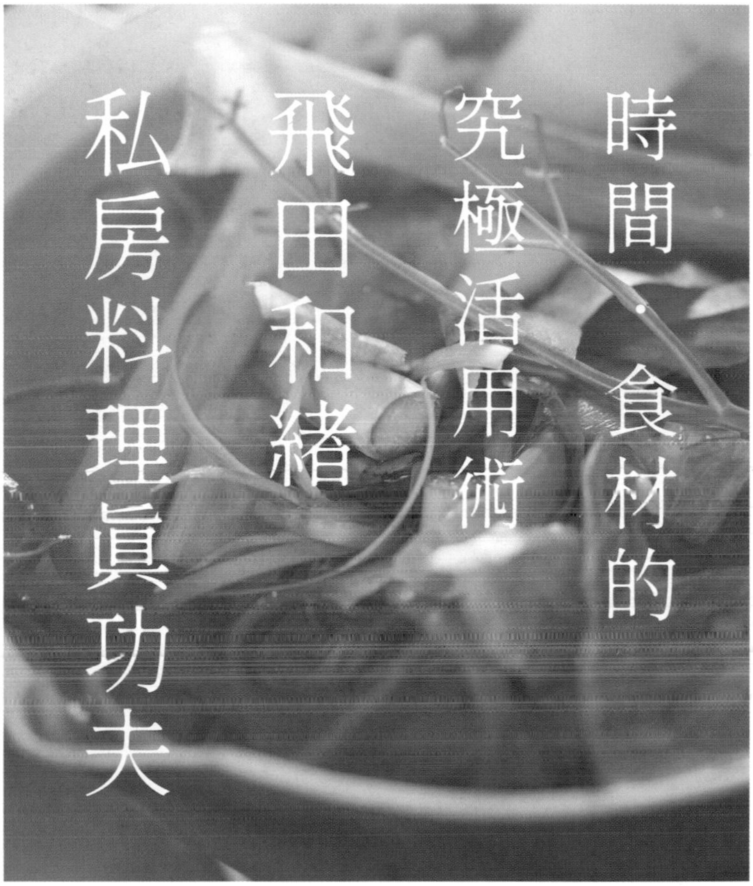

時間・食材的究極活用術 飛田和緒私房料理眞功夫

飛田和緒

瑞昇文化

前言

在籌備這本書的期間，政府突然發布緊急事態宣言（疫情警戒），生活變得不再像往常那樣地隨心所欲。在連購物都變得困難重重的情況下，我每天都在思考，該如何善用食材，**有沒有更聰明生活的方法**。

該怎麼透過基本的食材處理方式，善用所有食材，並且讓料理變得更加美味呢？於是，我就照著自己的個人風格，彙整了平日所留意到的烹調細節。希望藉此分享自己歷經三十多年主婦生活，以及二十多年的廚師所累積下來的經驗。

最近經常聽到**「料理很麻煩」**、**「希望縮短時間」**的心聲。工作、家事，加上育兒。在終日忙碌的情況下，的確希望能夠盡可能地輕鬆準備三餐。我也曾經有過準備三餐很吃力的感覺。可是，若要做出美味料理，還是必須稍微花點時間，**親自動手做**。只要花點時間，誘出食材本身的美味，就可減少多餘的烹調、調味步驟，**反而能夠縮短時間**。希望有更多人能夠了解這一點。

這本書主要介紹單一食材的處理方式，以及美味烹調的方法。食譜相當簡單，**只要有主要的食材，剩下的部分，只要用家裡現有的食材就能夠完成**。如果希望增加份量，只需要添加個人喜愛的材料就可以。我過去出版的書籍幾乎都是簡易食譜，不過，這本書則是更加精簡，僅使用極少的材料就能夠製作完成。

只要學會對應**食材的烹調法**，讓**廚房作業更加得心應手**，就能更自由、更輕鬆地完成料理。

如果有絲毫浪費，就想辦法避免浪費。偶爾回顧、偶爾停下腳步，又或是往前走一步，努力製作出美味的飯菜吧！

目錄

1章「蔬菜」的技巧

Vegetable's

2章「雞蛋、蒟蒻、豆腐類」的技巧

Egg, Konjac, Tofu

3章「肉」的技巧

Meat

4章「魚」的技巧

Seafood

5章「乾物」的技巧

Dry foods

6章「每日生活」的技巧

Everyday life

本書的既定規則

・測量單位為1小匙5ml，1大匙15ml，1杯為200ml。
・食譜當中的做法省略了清洗食材、蔬菜削皮、剔除蒂頭或種籽等，基本的前置處理。請自行斟酌作業。
・鹽巴少許是指，用拇指和食指抓取的量，約1/10小匙左右，一小撮則是用拇指、食指和中指，3根手指頭抓取的量，約1/6小匙左右。
・橄欖油使用特級冷壓橄欖油。米糠油是米糠萃取出的植物油，亦可使用個人偏愛的油。
・若沒有特別記載，瓦斯爐的火候一律為中火。
・微波爐的加熱時間以500W的情況為標準。

Vegetables

1章

蔬菜一次購買一整把、一整顆，份量少的話，可以一次吃光。如果份量較多，就沒辦法一次吃完，所以就必須把能夠分切、預先處理的食材，預先處理成冰箱可收納的大小，留著下次再吃。只要預先做好鹽漬、預煮、曬乾等處理，就可以維持新鮮蔬菜的美味，同時延長保存期限。當然，自己一個人住或是小家庭、冰箱的大小問題，也可能導致較大的大白菜或南瓜，沒辦法一次吃完，或是放不進冰箱。既然如此，不如就購買切口新鮮的分切蔬菜，趁水分還沒有流失的時候，盡早烹調食用。如果不那麼做的話，不僅食材的狀態會每況愈下，也無法烹調出猶如食譜般的美味料理。

處理蔬菜的時候，只要多加注意削皮方法、蒂頭的切法等小細節，就可以減少浪費。請試著把某天的蔬菜殘渣囤積在濾網或碗裡看看。應該就能知道自己浪費了多少。不要猶豫該怎麼切，動作快速地處理吧！這個時候，你就需要一把銳利的菜刀。光是一把好的菜刀，就能讓你的烹調時間縮短許多。同時，這裡也會介紹我個人的大膽手法，請務必嘗試看看。

Kazuwo's NOTE

高麗菜

Cabbage

切絲

大刀闊斧地
切下較軟嫩的上段部分，
切成絲

高麗菜買回家後，趁新鮮的時候，先切成絲。把上段1/3的部分切下來，然後再切成對半，就會比較容易切絲。取高麗菜軟嫩、鮮甜的部分。淋上鹽巴、胡椒、橄欖油、美乃滋、醬油、芝麻油等個人喜愛的醬料，製作成沙拉。

Memo

高麗菜如果不打算馬上吃，可以撒上些許鹽巴，冷藏保存。約可保存3天。

切塊

切掉菜心後的剩餘部份，
快炒、燉煮、水煮……
都好吃

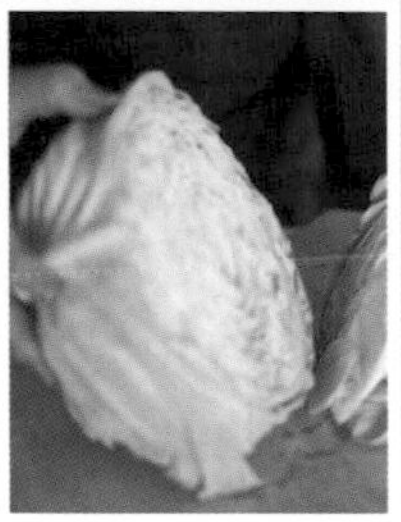

剩餘部分的高麗菜，可藉由快炒、水煮、燉煮等方式，烹煮後品嚐。最方便的烹調方法是，切塊快炒。除了絞肉之外，也可以搭配鯷魚、榨菜、小魚、梅干果肉等食材，調味也相當多變，醬油、味噌、蠔油等，都相當適合。

高麗菜海苔沙拉

用海苔製成小菜沙拉

材料與製作方法（2～3人份）

高麗菜上段…⅓～½顆
烤海苔…適量
A 檸檬汁…½顆
　醬油…2小匙
　橄欖油…1大匙

1 高麗菜切絲。浸泡冷水5分鐘左右，使口感變得清脆，瀝乾水分。

2 把步驟1的高麗菜絲裝盤。依序淋入A材料，撒上撕成碎片的海苔。

醬炒高麗菜絞肉

利用醬汁增添鮮甜

材料與製作方法（2人份）

高麗菜下段…¼顆
豬絞肉…80g
鹽巴…2撮
A 伍斯特醬…1又½～2大匙
　醬油…少許
米糠油…1大匙

1 高麗菜切塊，菜梗的部分進一步切成對半。

2 把米糠油、絞肉和鹽巴放進平底鍋，用中火拌炒。絞肉攪散之後，放進步驟1的高麗菜拌炒。菜葉稍微變軟後，加入A材料，調味。

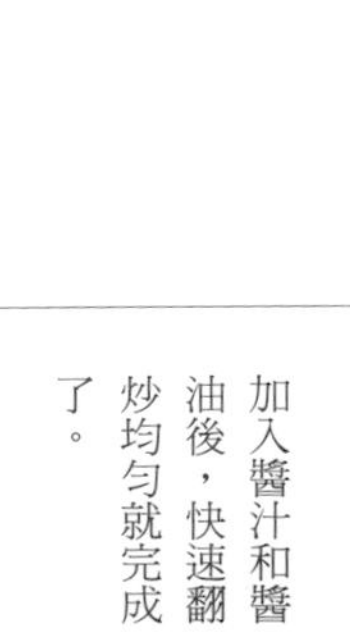

加入醬汁和醬油後，快速翻炒均勻就完成了。

水煮

整顆水煮，一次用完。邊煮邊剝，超級簡單。

Kazuwo's NOTE

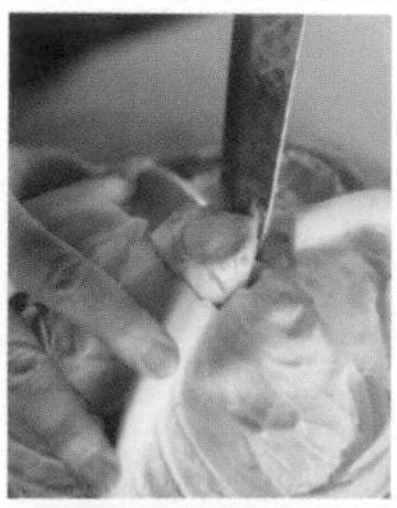

把菜刀的前端插進高麗菜菜心的周圍，將菜心剝除。

用較大的鍋子把水煮沸，放進整顆高麗菜。

高麗菜開始自然剝離後，用夾子等工具，把菜葉一片片剝下來。

剝下來的高麗菜葉，放在濾網上瀝乾水分，放涼。

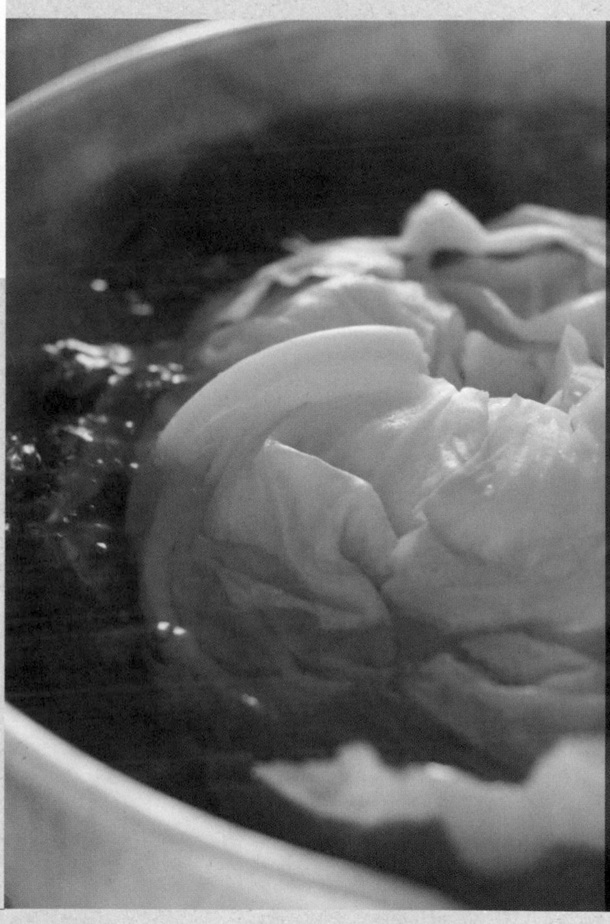

高麗菜

Cabbage

利用剩餘的水煮高麗菜
拌起司橄欖油

材料與製作方法（2人份）

趁熱的時候，把適量的水煮高麗菜切成塊（小心燙傷），加入2撮鹽巴、50g會融化的起司（乳酪絲類型）、1大匙橄欖油，拌勻。

高麗菜捲

改用培根，比絞肉更簡易。

Recipe

能夠在鍋裡確實排列最為理想。如果還有縫隙，可放進切成適量大小的胡蘿蔔、培根一起熬煮。

材料與製作方法（4人份）

高麗菜…1顆
培根（塊狀，切成8等分）…300g
鹽巴…2撮

1 高麗菜挖掉菜心水煮。將菜葉逐片剝下，準備16片菜葉。削掉莖梗，讓菜葉更容易捲起來。把兩片菜葉重疊在一起，放上培根、削掉的菜梗，將菜葉捲起來。

2 把步驟1捲起來的高麗菜捲放進鍋裡，收口處朝下。把挖掉的菜心塞進高麗菜捲的縫隙裡面。

3 倒進2杯水，蓋上鍋蓋，開中火加熱。煮沸後，改用略小的中火煮1小時。湯汁如果在烹煮期間變少，就再加水至八分滿左右。高麗菜呈現能夠用筷子切開的軟爛程度後，加入鹽巴，再次煮沸即可。

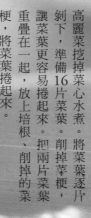

胡蘿蔔
Carrot

整條使用

整條徹底用盡。
不僅充分運用甜味，
視覺也充滿樂趣！

胡蘿蔔削皮後，整條放進咖哩裡面，或是和肉塊一起燉煮。雖然燉煮時間比較費時，不過，啃咬或用叉子切著吃的時候，就能充分感受到胡蘿蔔的鮮甜滋味。

Memo

為避免變乾，胡蘿蔔要在帶皮狀態下，用保鮮膜或報紙包起來，冷藏保存。

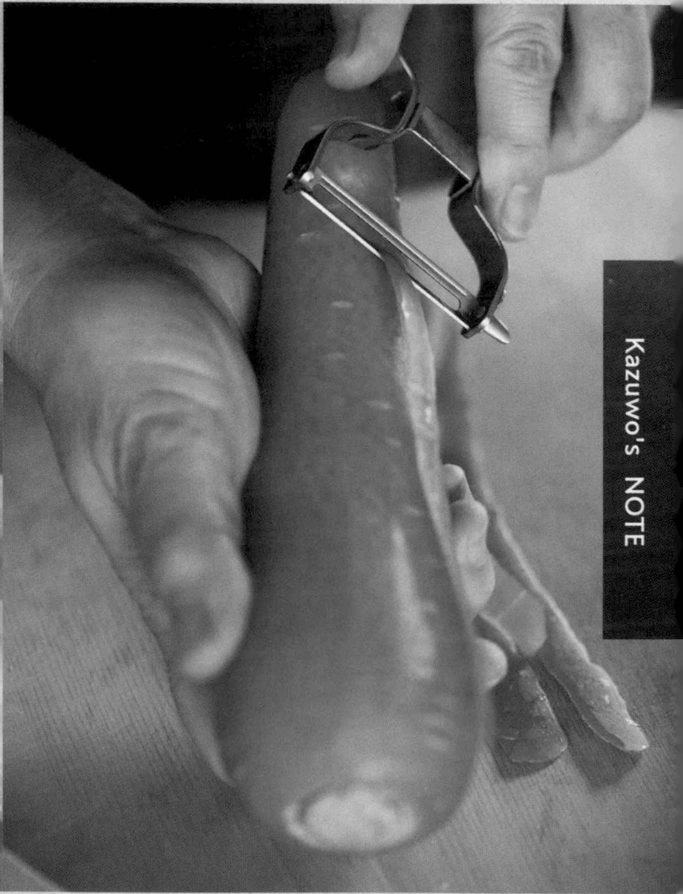

Kazuwo's NOTE

刨切

因為入味快速，
生吃的時候
就該採用刨切

Memo

就生胡蘿蔔的鹽份標準來說，如果是製成醃泡，鹽巴的份量大約是胡蘿蔔重量的1%。如果是沙拉或三明治的話，份量建議採用2%，才能提高保存性。醃漬物或醃菜則要先用重量3～4%的份量調味，瀝乾水分後再進行烹調。

胡蘿蔔削掉外皮後，進一步用刨刀朝垂直方向刨削成薄片。削成薄片的胡蘿蔔，只要撒點鹽巴，或是拌點沙拉醬，就可以馬上入味。另外，馬上就能汆燙熟透的蔬菜涮涮鍋（參考P.106）也可以使用。

Recipe

胡蘿蔔咖哩

亮點就是整條胡蘿蔔

材料與製作方法（2人份）

胡蘿蔔…2條（300g）
豬五花肉片（切絲）…80g
洋蔥（細末）…½顆
薑、蒜頭（細末）…各1瓣
A 鹽巴…½小匙
— 咖哩粉…2小匙
醬油…1大匙
奶油、橄欖油…各1大匙
白飯（溫熱）…適量

1 胡蘿蔔削皮備用。

2 把奶油、橄欖油、薑、蒜頭，放進厚底的鍋，用略小的中火炒香。產生香氣後，放進洋蔥拌炒，直到洋蔥些微上色。倒入豬肉，拌炒到豬肉變色，加入A材料拌炒。

3 把步驟1的胡蘿蔔放進鍋裡，倒入幾乎快淹過食材的水量（約2杯）。蓋上鍋蓋，煮15分鐘。胡蘿蔔變軟之後，用少許的醬油和鹽巴（份量外）調味。連同白飯一起盛盤上桌。

醋拌胡蘿蔔

品嚐薄脆 胡蘿蔔的鮮甜

材料與製作方法（2~3人份）

胡蘿蔔…1條（150g）
鹽巴…1撮（胡蘿蔔重量的1%）
A 葡萄酒醋…2小匙
— 橄欖油…1大匙
粗粒黑胡椒…適量

1 胡蘿蔔削掉外皮，用刨刀把胡蘿蔔削成薄片。撒上鹽巴，稍微混合，靜置15分鐘。

2 胡蘿蔔變軟後，稍微把水瀝乾，用A材料拌勻。裝盤，撒上粗粒黑胡椒。

Kazuwo's NOTE

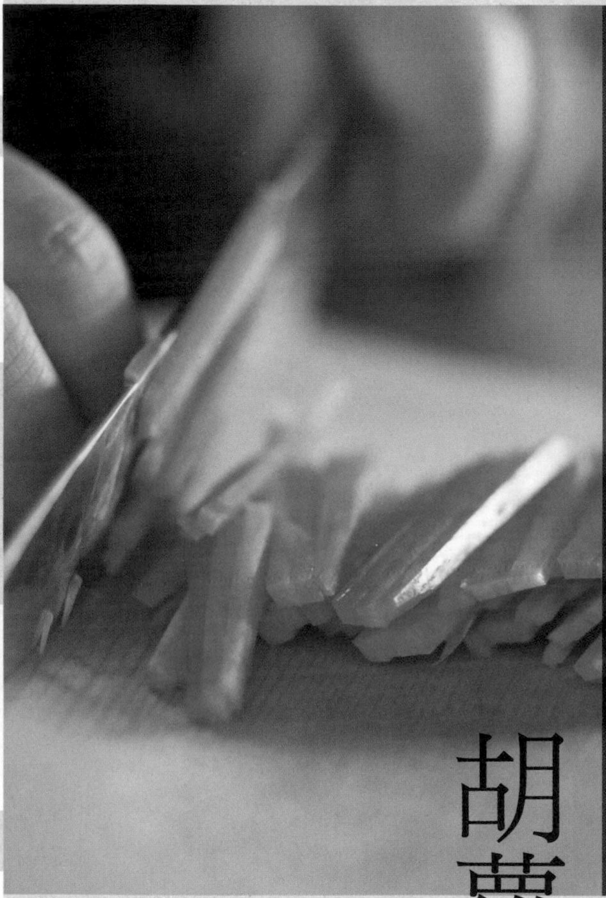

胡蘿蔔

Carrot

Memo

長度一致的切法是，沿著纖維切開，所以可以保有清脆口感。斜切則會切斷纖維，所以就會變得比較軟嫩。依照各自不同的口感，採用不同的製作方式吧！

切絲

切法有兩種，長度一致的細條或是斜切成絲

把胡蘿蔔切成適合烹調的長度，縱切成2~3㎜厚的薄片。

把切成薄片的胡蘿蔔稍微錯位重疊。

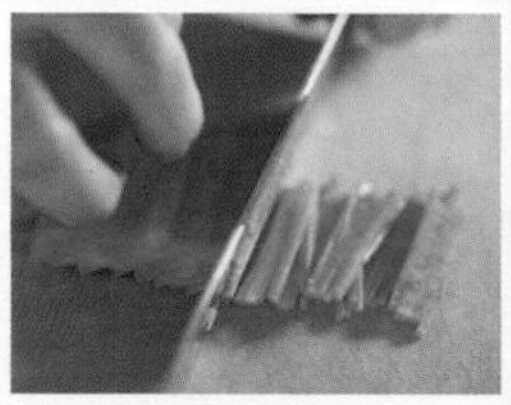

只要從邊緣開始細切，就能切成長度一致的細條。口感清脆彈牙，適合製成涼拌。

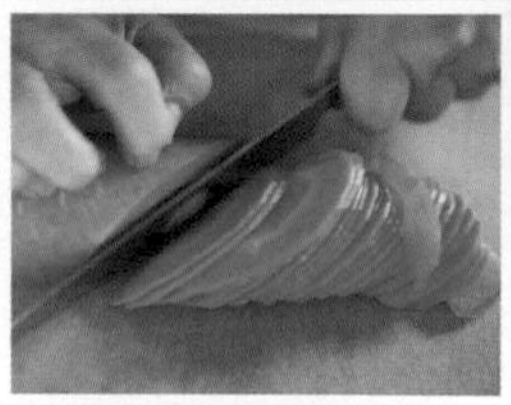

從根部開始斜切成薄片。

就算什麼都不做，胡蘿蔔還是會完美的重疊。

直接從邊緣開始切成細條。雖然長短不一，不過，口感軟嫩，適合製成醃製品。

Recipe

預先常備，就能隨時運用
鹽味胡蘿蔔

材料與製作方法（容易製作的份量）

胡蘿蔔…2條（300g）

鹽巴…1小匙（胡蘿蔔重量的2%）

1 胡蘿蔔削掉外皮，切成細條或細絲（切法就依個人喜好）。撒上鹽巴，稍微拌勻，放進保存容器或塑膠袋，排出空氣，放進冰箱冷藏。

2 瀝乾水分，變軟之後就可上桌。

＊可用於沙拉（參考P.21、P.89）或三明治的餡料（參考P.47）等。冷藏保存，約可存放4～5天。

蘿蔔
Radish

Kazuwo's NOTE

削皮

慢火燉煮時，要削掉厚皮，其他情況就用刨刀

製作日式蘿蔔煮或關東煮的時候，要削掉厚皮，皮下較硬的部分都要削除。

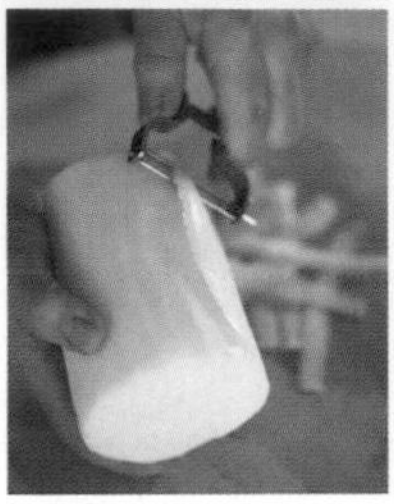

製作生菜沙拉、煮湯、熱炒時，就用刨刀薄削即可。

削薄邊角

削除邊角，讓蘿蔔不容易煮爛，同時更容易入味

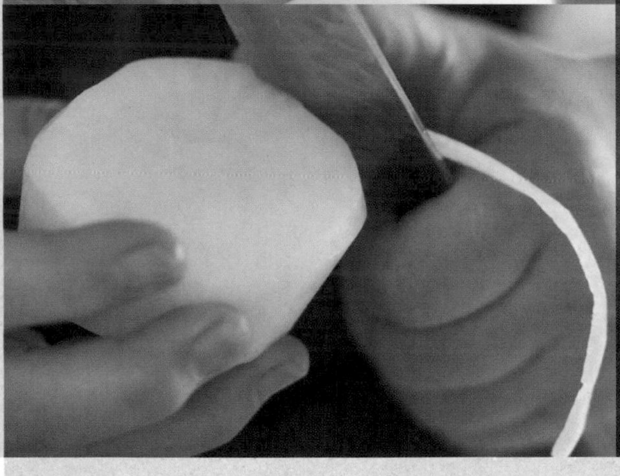

慢火燉煮時，薄削掉切口的邊角（削薄邊角）。

削除的部分可以連同外皮一起，製作成炒金平或味噌湯。削除的部分、刨除的外皮，也可以一併製作成蘿蔔乾（參考P.18）。

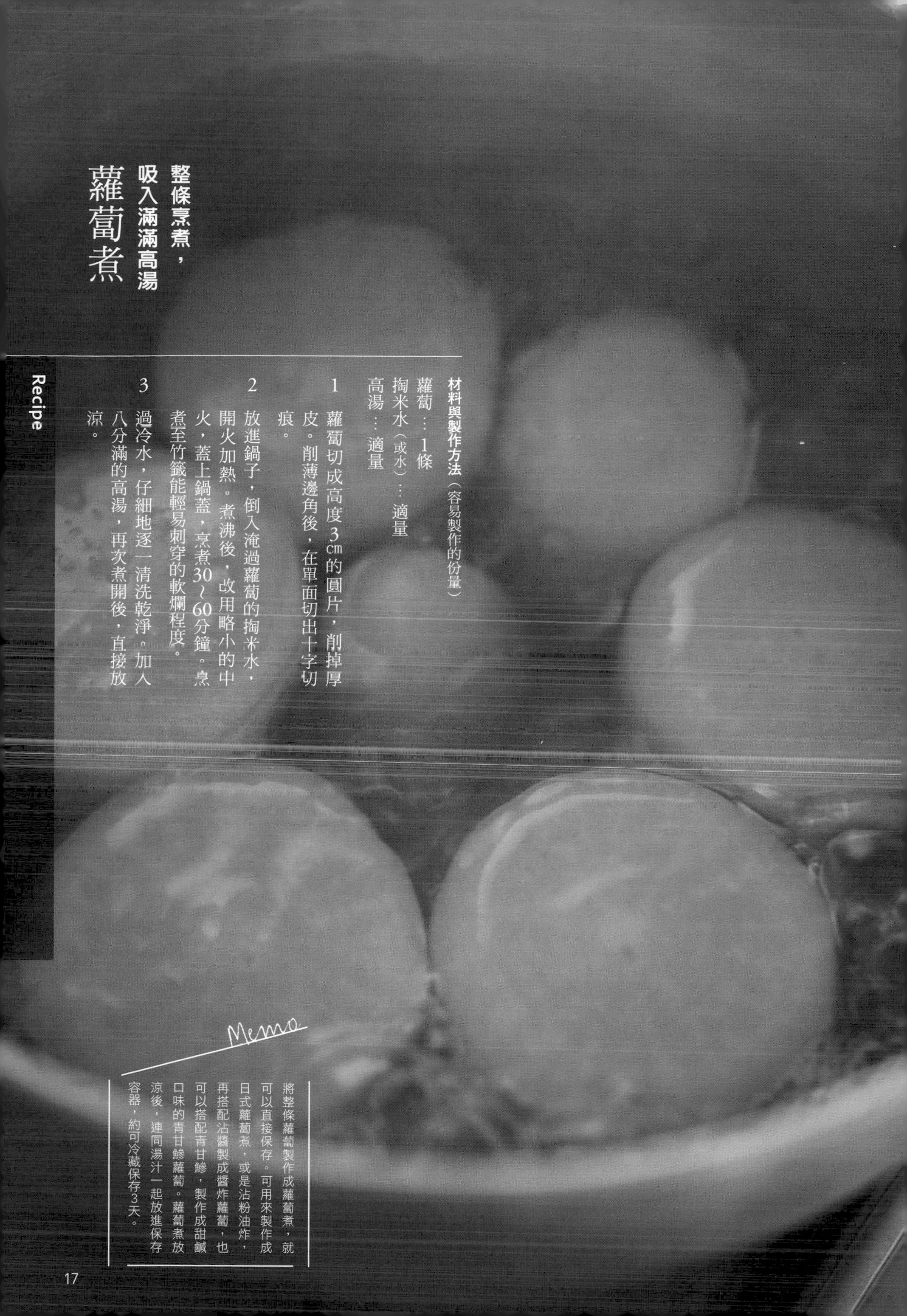

整條烹煮，吸入滿滿高湯

蘿蔔煮

Recipe

材料與製作方法（容易製作的份量）

蘿蔔：1條
掏米水（或水）：適量
高湯：適量

1 蘿蔔切成高度3cm的圓片，削掉厚皮。削薄邊角後，在單面切出十字切痕。

2 放進鍋子，倒入淹過蘿蔔的掏米水，開火加熱。煮沸後，改用略小的中火，蓋上鍋蓋，烹煮30～60分鐘。煮至竹籤能輕易刺穿的軟爛程度。

3 過冷水，仔細地逐一清洗乾淨。加入八分滿的高湯，再次煮開後，直接放涼。

Memo

將整條蘿蔔製作成蘿蔔煮，就可以直接保存。可用來製作成日式蘿蔔煮，或是沾粉油炸，再搭配沾醬製成醬炸蘿蔔，也可以搭配青甘鰺，製作成甜鹹口味的青甘鰺蘿蔔。蘿蔔煮放涼後，連同湯汁一起放進保存容器，約可冷藏保存3天。

皮和葉的運用

葉子切碎，削掉的外皮則曬乾使用

把厚削的厚皮、用刨刀刨削的薄皮，全都切成更方便食用的細條，再曬上1天的時間，就能製作出帶有咬勁的不同美味。曬乾後，也可以裝進塑膠袋冷藏保存。約可保存3天。

切法

可應用的料理相當廣泛，所以切法也有各式各樣。

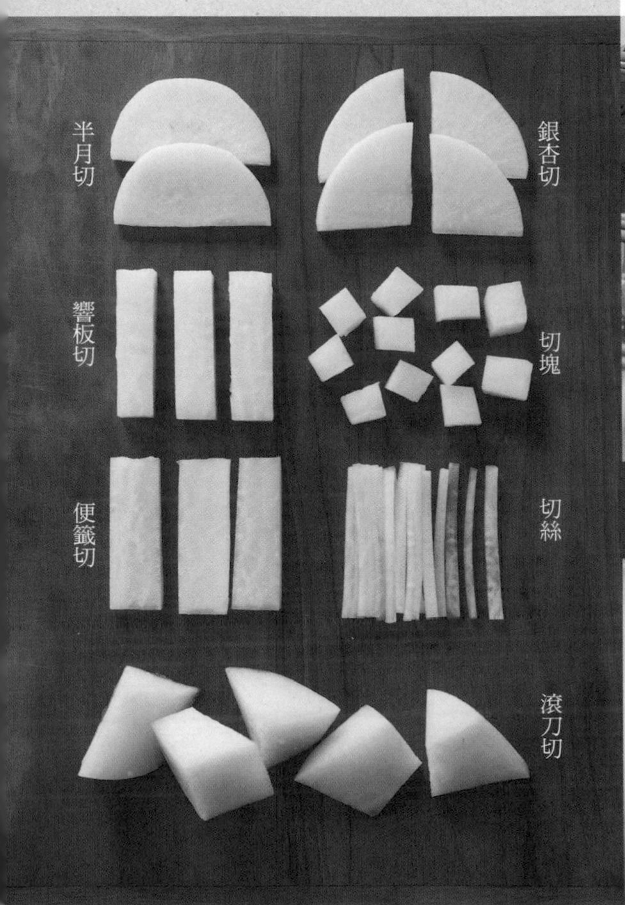

Kazuwo's NOTE

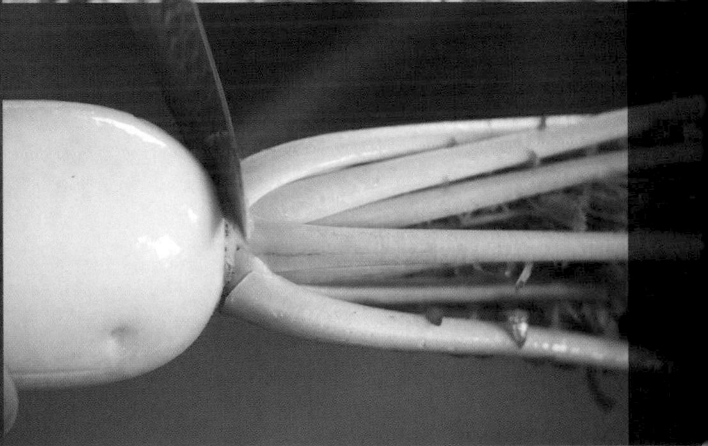

蘿蔔 Radish

切下來的葉子部分也能食用。可以切成小口切，製作成菜飯或是炒物，也可以搭配絞肉，製作成餃子或燒賣。

Memo

如果買到帶有葉子的蘿蔔，就要馬上把葉子切掉。若沒有切掉，蘿蔔就會持續成長，營養會被葉子奪走，蘿蔔本身的味道也會變差，要多注意。就算只有一點點莖的情況也一樣。

半月切
把圓片切成對半。

銀杏切
把圓片切成4等分。

響板切
切成長度4~5cm、寬度1cm左右的棒狀。

切塊
進一步把響板切的形狀切成骰子狀。大小3~6mm的塊狀稱為切丁，7mm~1cm的大小又稱為骰子切。

便籤切
宛如便籤般的長方形薄片。

切絲
縱切成寬度2~3mm的薄片，將多片重疊之後，從邊緣開始切成細條。

滾刀切
切成不規則的形狀。將蘿蔔縱切成4~6等分後，斜切成3cm左右的大小（一口大小）。

炒蘿蔔乾

金平蘿蔔皮

材料與製作方法（容易製作的份量）

蘿蔔皮…1條份量（約300g）
紅辣椒…1條
A 醬油…2小匙
—砂糖…½小匙
—酒…1大匙
米糠油…2小匙

1 蘿蔔皮切成細條，日曬1天。

2 用平底鍋加熱米糠油，放入步驟1的蘿蔔皮和辣椒拌炒。整體裹滿油之後，加入A材料，進一步拌炒。

切除的葉子化身成時尚美味

菜飯

材料與製作方法（容易製作的份量）

蘿蔔的葉子…1條份量
鹽巴…適量（重量的3%）
白飯（剛煮好）…適量
白芝麻…適量

1 蘿蔔葉切成小口切（葉子較長的時候，切掉葉子前端，使用葉梗）。撒上鹽巴，靜置15分鐘。變軟之後，擠掉水分。

2 把步驟1的適量份量混進白飯裡面，拌勻後，撒上白芝麻。

＊先試吃看看，如果蘿蔔葉有點硬，就進一步水煮，然後擠掉水分。搓了鹽巴的剩餘葉梗可以冷凍保存。除了拌飯之外，也可以用來作為味噌湯的裝飾配色。

大白菜

Chinese cabbage

Kazuwo's NOTE

把菜葉和菜梗分開

製作炒物等時候，把菜葉和較硬的菜梗分開，更容易掌控火候

炒大白菜的時候，希望更快地熟透，所以要把軟嫩的菜葉和堅硬的菜梗分開。只要先從菜梗開始炒，最後再放進菜葉，就可以確實掌控恰到好處的熟度。也可以把兩種分開使用，菜葉製作成沙拉，菜梗製作成醃漬品。

Memo

如果是購買一整顆，外側綠色較深且較硬的菜葉，可以用來燉煮或煮湯。一半預先抹鹽變軟之後，可以製成醃漬品或沙拉。如果放進鍋物或炒物裡面，因為愈先抹上的鹽巴有預先調味的效果，所以直接品嚐也非常美味。

大白菜沙拉

用軟嫩的菜葉製成

大白菜沙拉搭配鹽味胡蘿蔔（參考P.15），同樣也非常美味。

材料與製作方法（2人份）

大白菜的菜葉部分…5片份量
火腿…2片
A 鹽巴…2撮
　粗粒黑胡椒…少許
　葡萄酒醋、蜂蜜…各1小匙
　橄欖油…1大匙

1 白菜切成大塊。火腿切成對半後，切成1cm寬度。

2 把步驟1的食材放進調理碗。依序加入A材料，充分拌勻。

辣大白菜

只採用菜梗的絕妙咬勁

材料與製作方法（容易製作的份量）

大白菜的菜梗部分…5片份量
薑（切絲）…1塊
花椒…2小匙
鹽巴…1又½小匙
A 醋…3大匙
　砂糖…3大匙
芝麻油…2大匙

1 白菜切成5～6cm的長度，縱切成1cm寬的棒狀。用鹽巴軟化後，擠掉水分。

2 把步驟1的白菜放進耐熱調理碗，和A材料一起拌勻，放上薑和花椒。

3 把芝麻油倒進小鍋或平底鍋，加熱到冒煙後，馬上淋在步驟2的食材上面，靜置10分鐘後拌勻。

沿著纖維縱切，就能保留清脆口感。

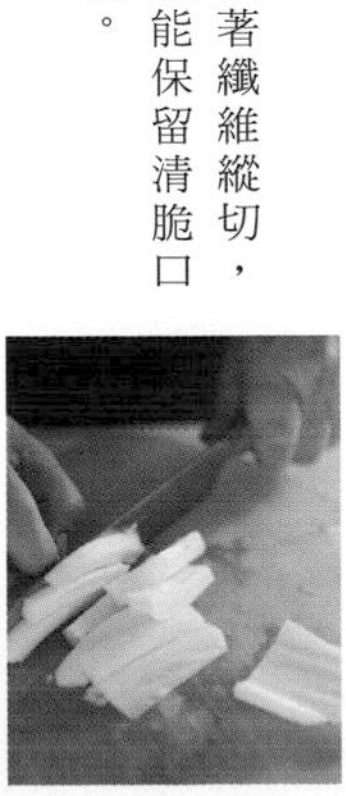

汆燙去皮

番茄的口味會因為去皮、不去皮而改變。只要採用『汆燙去皮』，就能輕鬆去皮

把菜刀的前端插進蒂頭周圍，繞圈挖掉蒂頭。稍微切出略淺的十字切痕。

放進熱水裡面，外皮脫落後，就可以撈起。

馬上泡水（如果可以，就用冰水），熱度消退後，剝掉外皮。

Kazuwo's NOTE

番茄 Tomato

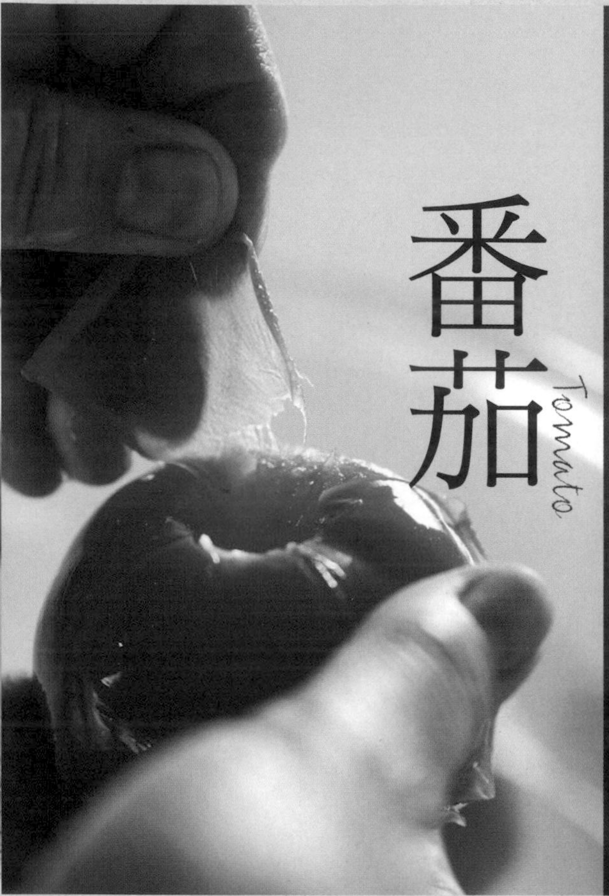

冷凍

不打算馬上吃的時候，直接整顆冷凍。準備烹調時，直接在冷凍狀態下使用就可以。

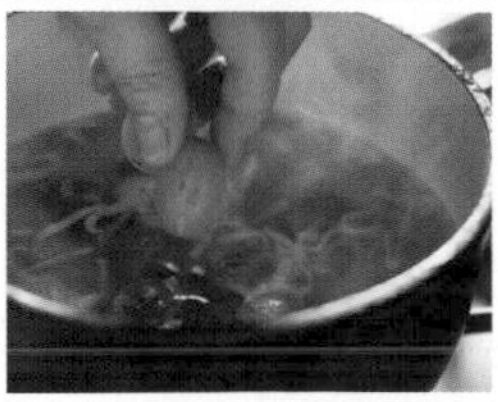

冷凍的番茄解凍之後會釋放出水氣，反而會使美味流失，所以去除蒂頭後，直接使用冷凍狀態的番茄就可以。希望去除外皮時，只要在半解凍狀態下，就可以用手輕鬆去皮。

Memo

比起冷藏保存，冷凍保存的小番茄更能夠保留美味，並長期保存。家裡有太多庫存時，可以用來製作成番茄醬。直接在冷凍狀態下放進鍋裡加熱熬煮，直到湯汁收乾就大功告成了。冷凍會破壞纖維，就能製作出濃稠口感的番茄醬。

番茄、小番茄洗乾淨後，把水分擦乾，放進夾鏈袋，冷凍保存。大約可存放2星期。

Recipe

汆燙去皮的滑嫩番茄
番茄炒蛋

材料與製作方法（2人份）

番茄…2顆
雞蛋…2顆
鹽巴…2撮
薄鹽醬油…½小匙
米糠油…2小匙
粗粒黑胡椒…適量

1 番茄汆燙去皮，切成一口大小。雞蛋打散成蛋液，加入鹽巴拌勻。

2 用平底鍋加熱米糠油，一口氣倒入步驟1的蛋液，粗略地混拌，雞蛋半熟後，起鍋備用。

3 接著，放進番茄，快速翻炒後，淋入醬油，把步驟2的雞蛋倒回鍋裡，稍微拌炒。裝盤，撒上粗粒黑胡椒。

Memo

去除外皮，就能更容易入味，同時，番茄的滑嫩，就能和半熟蛋更加契合。正因為是道十分簡單的炒物，所以更不能馬虎。

炒過的培根為美味加分
迷你番茄培根湯

材料與製作方法（2人份）

冷凍小番茄…16顆
培根（切條）…1片
鹽巴…少許
橄欖油…適量

1 把培根和1小匙橄欖油放進鍋裡，稍微拌炒。加入1又½杯的水，直接把已經去除蒂頭，呈冷凍狀態的小番茄放進鍋裡烹煮。

2 番茄的外皮脫落後，用鹽巴調味。裝盤，依個人喜好滴上少許橄欖油。

＊也可以先半解凍，把外皮剝掉後再加入。

小黃瓜

Cucumber

切法

切法不同，
讓『相同的小黃瓜』
產生不同的口感和味道

從邊緣開始薄切成片，軟嫩的同時又能保有清脆口感。

菜刀斜貼著小黃瓜，一邊滾動小黃瓜，一邊切成塊。大約切成3㎝左右（一口大小）。剖面越多，越容易入味。

削皮

希望徹底入味時，
全部削皮或削成條紋狀

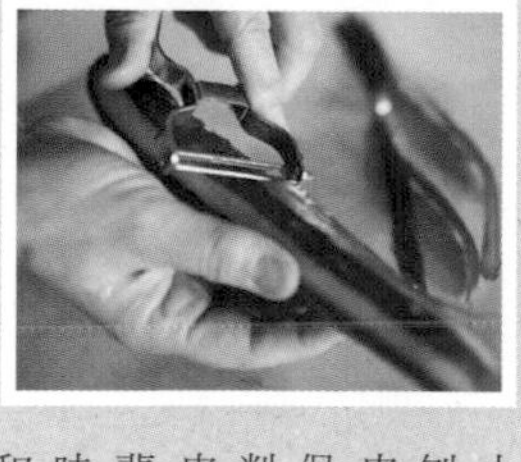

小黃瓜朝縱向延伸。用刨刀沿著纖維削掉外皮。可依個人喜好選擇保留條紋狀，或是全面削皮。如果削掉深綠外皮，就會呈現出美麗的翡翠色，比較容易入味，且色調也較為柔和。

Memo

為了在旺季期間，怎麼樣都吃不膩，可以採取削皮或不削皮，或是條紋狀等各種削皮方式，再搭配各種不同的切法，享受各種烹調的樂趣與變化。削掉的皮、去除的種籽部分可切碎當成沙拉醬的配料，或是湯品或味噌湯的配料。

小口切的清脆口感
醋漬小黃瓜與裙帶菜

材料與製作方法（2人份）

小黃瓜：1條
鹽藏裙帶菜（清洗後，用水泡軟）：20g
魩仔魚乾：1大匙
鹽巴：1/3小匙
醋：2小匙

1 小黃瓜切成小口切，撒上鹽巴，靜置15分鐘。裙帶菜切成一口大小，兩種食材都要稍微擠掉水分。

2 把步驟1的食材和一半份量的魩仔魚乾放進碗裡，加醋拌勻。裝盤，撒上剩餘的魩仔魚乾。

*醋的味道可依個人喜好調整，如果再加上些許砂糖，味道就會比較醇和。

充分入味的削皮小黃瓜
豬肉炒小黃瓜

材料與製作方法（2人份）

小黃瓜：2條
豬五花肉片（切成一口大小）：80g
薑（帶皮。切片）：3～4片
鹽巴：適量
魚露：少許
米糠油：2小匙

1 小黃瓜削掉所有外皮，切成滾刀塊。撒上1/2小匙的鹽巴，靜置10分鐘。豬肉撒上2撮鹽巴。

2 用平底鍋加熱米糠油，放入豬肉翻炒。豬肉差不多快熟的時候，倒入把水分擦乾的小黃瓜拌炒。小黃瓜熟透後，拌入魚露。

砧板搓滾

撒上鹽巴，在砧板上來回滾動，顏色會更鮮豔，還能去除生澀味

小黃瓜清洗乾淨後，放在砧板上，撒上鹽巴。鹽巴的份量平均每條約¼小匙。

用雙手按壓滾動，讓小黃瓜沾滿鹽巴。

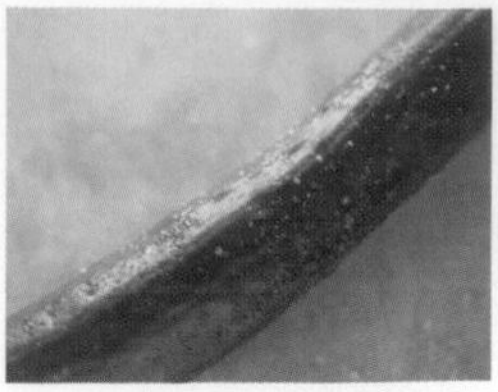

鹽巴顆粒消失，小黃瓜像是冒汗那樣，就可以了。之後可選擇清洗，把鹽巴沖洗乾淨，或是直接用於料理。

Kazuwo's NOTE

小黃瓜

Cucumber

曝曬

切片後曝曬，製作出獨特口感

小黃瓜斜切成5㎜厚的薄片。在不重疊的狀態下，鋪放在濾網上面，日曬半天左右的時間。小黃瓜整體變軟之後，就可以了。可做成涼拌或是炒物。

Memo

曝曬之後，味道會變濃，同時又能產生不同的口感。此外，份量也會減少，所以希望用來做成炒物等主要料理時，曝曬的份量就要多一些。切法可依個人喜好，厚度較薄，曝曬的時間就比較短，如果厚度比較厚或是比較大塊，就需多花點時間。

Recipe

鹽漬小黃瓜

利用砧板搓滾，讓鹽巴確實入味

Memo

砧板搓滾能讓鹽巴更容易入味，同時也能消除小黃瓜獨特的澀味。可以切碎後製成醋物，也可以敲碎，使小黃瓜產生裂痕後，製作成涼拌。

材料與製作方法（2人份）

小黃瓜…1條
鹽巴…½小匙

1 小黃瓜將外皮削成條紋狀。把鹽巴撒在砧板上，進行砧板搓滾。放進塑膠袋等容器，冷藏1小時左右。

2 小黃瓜變軟之後，縱切成對半，切成一口大小。

＊醃漬品的鹽巴要多一點。小黃瓜沒有變軟的話，就再試著多撒點鹽巴，或者，也可以沾著味噌等醬料吃。

芝麻醋拌小黃瓜

品嚐小黃瓜乾的口感

芝麻粉或芝麻粒只要先再次炒過，再用缽搗碎，就能更添香氣。

材料與製作方法（2人份）

小黃瓜…1條
A 白芝麻粉…2小匙
白芝麻醬…1小匙
鹽巴…1撮
薄鹽醬油…½小匙

1 小黃瓜斜切成5㎜厚的薄片，排放在濾網上面，曝曬半天。

2 A材料混合後，倒入步驟1的小黃瓜乾拌勻。

切除花萼

不要把整個花萼切下。只要把花萼的下半部分剝開，就連前端也能吃

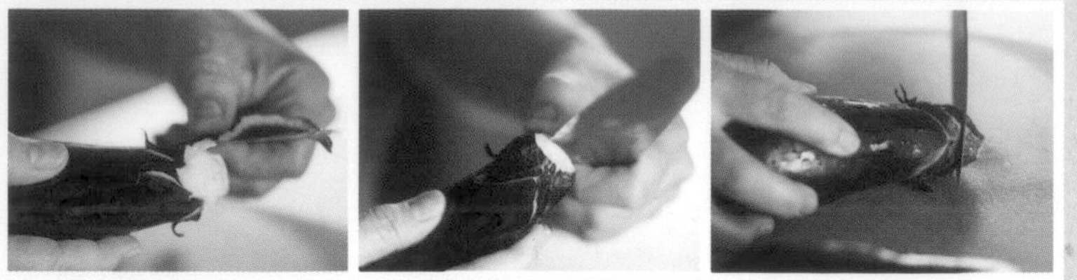

把花萼前端的堅硬部分切掉。

用菜刀繞一圈，把下半部剝開。

繞一圈，完整剝除。花萼上有時會有刺，所以要多加注意。

Kazuwo's NOTE

茄子 Eggplant

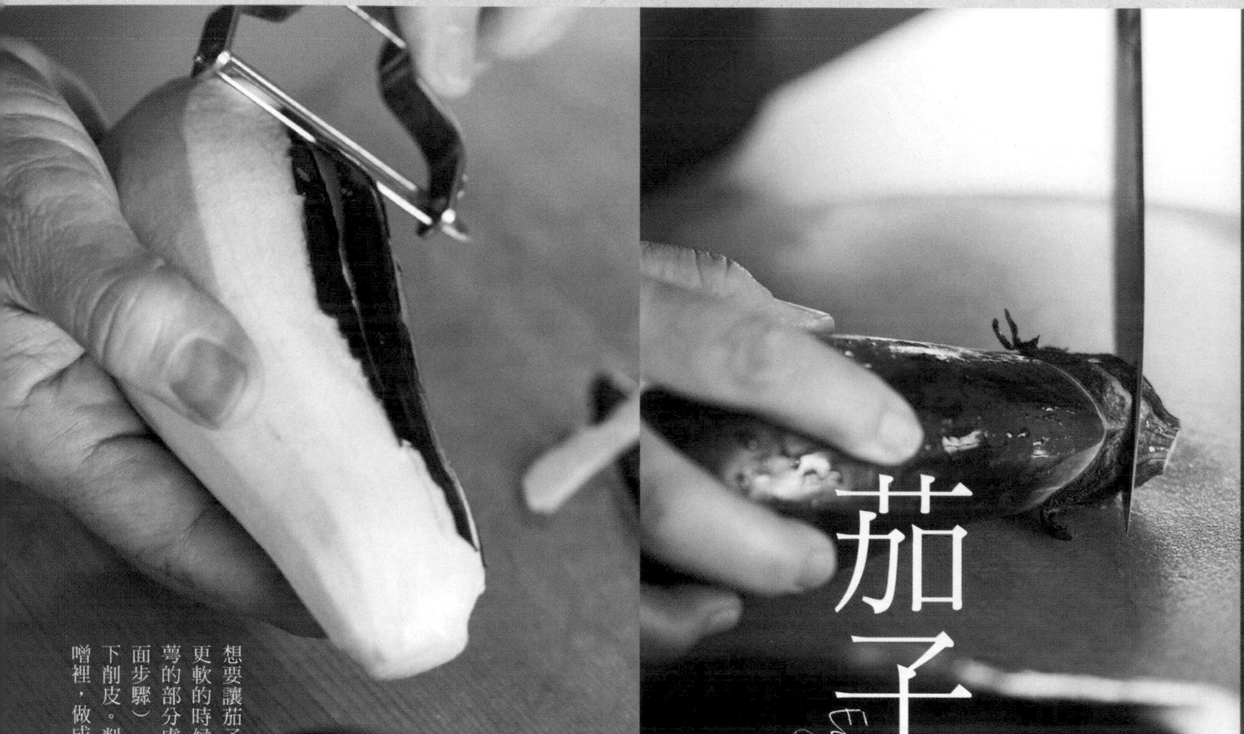

想要讓茄子更入味、口感更軟的時候就削皮，把花萼的部分處理掉（參考上面步驟），用刨刀由蒂往下削皮。削掉的皮放入味噌裡，做成茄子金平。

削皮

削掉外皮，口感就會變得稠滑、軟嫩

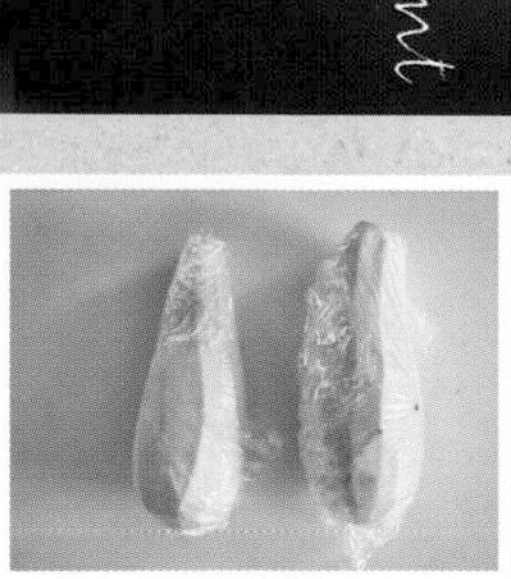

削掉外皮的茄子，分別用保鮮膜包起來，用微波爐加熱。加熱時間平均每條約1分鐘，請務必觸摸確認是否變軟（小心燙傷）。在包著保鮮膜的狀態下，直接泡水（如果可以，就用冰水）冷卻。

Memo

用微波爐加熱的茄子，把保鮮膜撕掉，放進保存容器內，約可冷藏保存2～3天。也可直接在上面鋪上柴魚片，淋上醬油，製作成蒸茄子。

Recipe

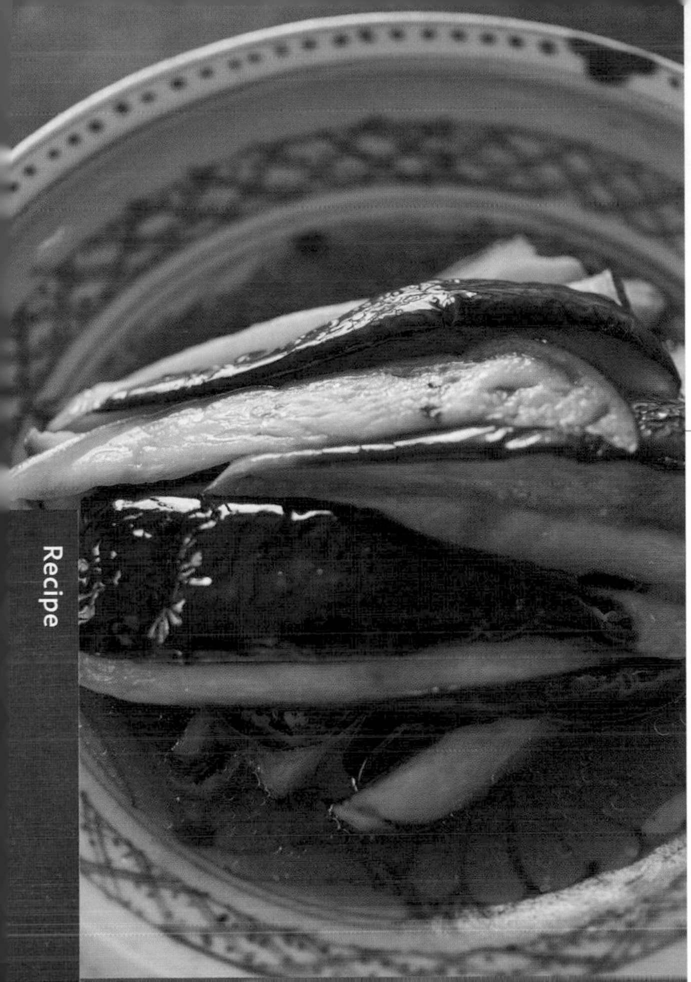

炸好馬上浸泡
浸漬炸茄子

材料與製作方法（4人份）

茄子…5條
味醂、醬油…各4大匙
砂糖…1大匙
高湯…1又½杯
炸油…適量

1 把1味醂放進小鍋，煮沸，使酒精揮發。加入醬油、砂糖，關火。混入冷卻的高湯。

2 茄子把花萼的前端切掉，朝花萼的周圍縱切成6~8等分。

3 放入180℃的炸油，炸至切口呈現焦黃色後起鍋。放進步驟1的沾醬裡浸泡。

＊茄子炸好之後，趁熱馬上放進沾醬裡浸泡，就能充分入味。

持續炸至切口呈現焦黃色為止。

烝茄子的軟嫩美味
茄子火腿熱壓吐司

材料與製作方法（2人份）

茄子…3條
吐司（8片切）…4片
火腿…4片
鹽巴…2撮
奶油、西洋黃芥末、美乃滋…各適量

1 茄子把花萼的前端切掉，剝開花萼的周圍，削掉外皮。用保鮮膜把每條茄子包起來，用微波爐加熱3分鐘左右。縱切成對半，撒上鹽巴。

2 在吐司上面抹上奶油、西洋黃芥末。放上火腿，把步驟1的茄子放上，再擠上美乃滋，最後夾上吐司。

3 排放在空無一物的平底鍋裡面，用平蓋等道具輕壓，將兩面煎烤成金黃色。切成容易食用的大小。

在茄子上面擠上美乃滋，再夾上吐司。

去除瓤和種籽

買回家之後，馬上去除瓤和種籽。就能長期保存

用較大的湯匙，把瓜瓤和種籽一起挖除。

用刮除的方式，盡可能用湯匙把殘留在果肉上的柔軟瓜瓤刮掉。

預先處理完成。用保鮮膜包起來，冷藏保存。

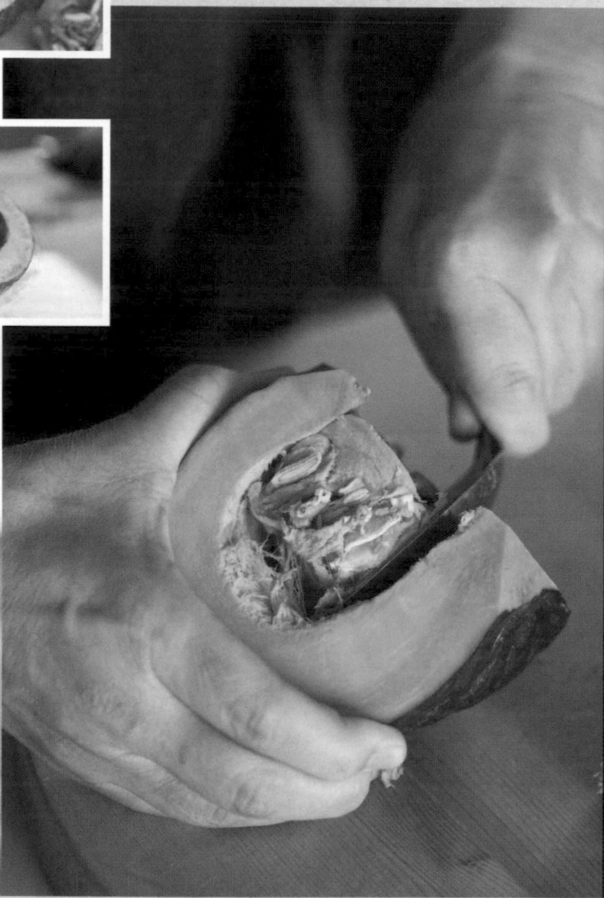

削皮

只要把各處的皮削掉，就ＯＫ

南瓜的切口朝下，讓南瓜平貼於桌面，用菜刀削掉各處的外皮。這樣受熱會更均勻，味道更容易入味，口感會更好。

Memo

切除的外皮或削掉的邊角，放進180℃的炸油裡面，偶爾翻動，炸至酥脆程度，起鍋後灑上鹽巴，就成了輕食、小菜。另外，也可以當成味噌湯或湯品的配料。

Recipe

味道滲入，
甜味更甚

甜煮南瓜

材料與製作方法（4人份）

南瓜…½個（700~800g）

A 鹽巴…½小匙
— 薄鹽醬油…½小匙

1 南瓜去除瓤和種籽，將各處的外皮削除。切成一口大小，削薄邊角（參考P.16）。

2 南瓜皮朝下放進鍋裡，整齊排放，避免重疊。加入幾乎淹過南瓜的水，開火加熱。開始沸騰後，倒入A材料，蓋上紙蓋或鍋蓋，用較小的中火烹煮15分鐘左右。

3 湯汁若在烹煮期間減少，就再添加一些水烹煮。南瓜變得軟爛後，關火，直接放置冷卻，要吃的時候再重新加熱。

南瓜
Squash

青椒
Green pepper

去除瓤和種籽

使用菜刀
就能毫不浪費地
快速去除

尺寸偏小的青椒幼果比較軟，可以整顆食用，不需要去除瓤和種籽。切成塊狀，使用於炒物等料理。

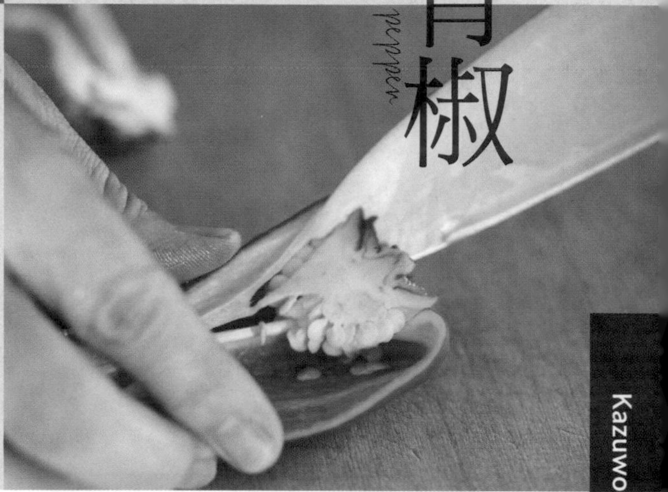

整顆使用

幼果或偏小的青椒
可以整顆食用

青椒縱切成對半，切口朝上，用菜刀的前端在瓤的周圍切出切口。抓著瓤的部分往外拉，將瓤和種籽完全去除。比起用手直接剝開，這樣的方式比較不會浪費，而且去除得更乾淨。

Kazuwo's NOTE

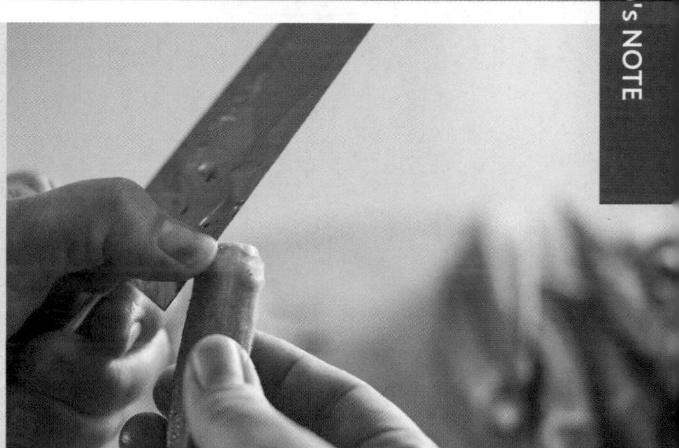

秋葵
Okra

剝除花萼

不要整個切掉，
只要刨除花萼，
就能完整食用

蒂頭較長的話，就把蒂頭切掉，再將花萼（邊緣堅硬的部分）刨除。

抹鹽

希望有鮮艷顏色，
就抹上鹽巴

秋葵水煮使用時，撒上少量鹽巴搓滾後，直接放進熱水烹煮。不僅顏色鮮豔，又能去除表面的絨毛。

Recipe

泰式打拋飯

整顆切成塊狀

材料與製作方法（2人份）

青椒…2個
雞絞肉…200g
洋蔥（細末）…⅓個
蒜頭（細末）…1瓣
羅勒（葉子）…2枝
酒…1大匙
A 鹽巴…¼小匙
　醬油、蠔油…各1大匙
　砂糖…1小匙
　魚露…⅓小匙
米糠油…1大匙
白飯（溫熱）、荷包蛋…各適量

1 青椒整顆切成塊狀。

2 把米糠油、洋蔥和蒜頭放進平底鍋，用中火拌炒至熟透。加入絞肉，嗆入酒拌炒。絞肉變鬆散後，放入步驟1的青椒。肉熟透之後，加入A材料，確實翻炒。

3 加入羅勒葉，稍微翻炒後，關火。連同白飯一起盛盤，上面放上荷包蛋。

水煮秋葵

剛起鍋的時候最美味

材料與製作方法（2人份）

秋葵…8支
鹽巴、美乃滋、梅肉…各適量

1 秋葵刨除花萼。抹上鹽巴，直接用熱水快速烹煮。

2 趁剛起鍋的時候裝盤，隨附上美乃滋、梅肉，直接沾著吃。

Memo

用這種方式處理，不僅可以增加食用的部分，視覺上也會更漂亮。如果直接切除花萼，熱水會混進種籽裡面，讓秋葵變得水水的。

香菇 Mushroom

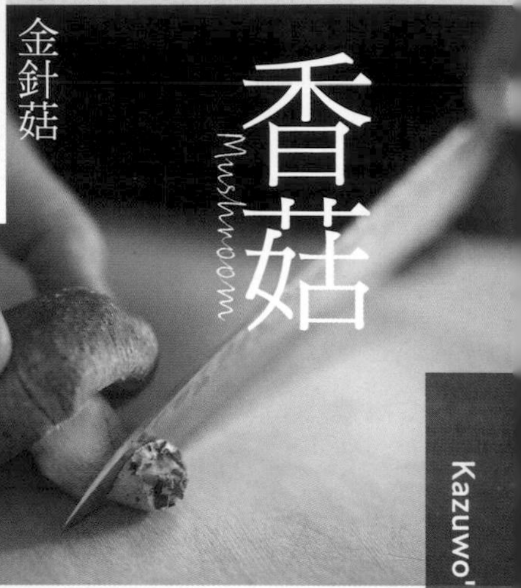

切除蒂頭

香菇基本上不用洗。直接切掉根部堅硬的蒂頭就可以

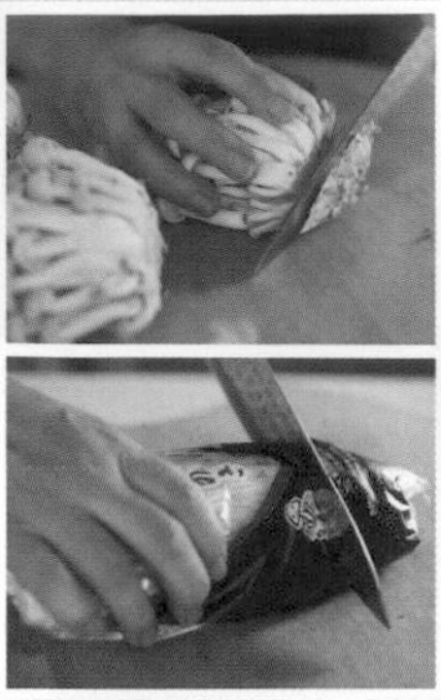

鴻喜菇、金針菇

最下方的根部就是所謂的蒂頭部分。基本上，從束口邊緣切掉就可以了，不過，金針菇建議隔著塑膠袋切除，這樣就不會散開，比較容易處理。

香菇

最下方稍微堅硬的部分就是蒂頭，直接切除。蒂頭上方至菇傘之間的菇柄可以食用。可切成薄片，或用手撕開使用。

冷凍

直接在生的狀態下冷凍保存

不打算馬上烹調時，可以切好，冷凍保存。切成容易食用的大小，放進夾鏈袋，冷凍保存。約可保存3星期左右。使用時，直接在冷凍狀態下，當成湯品、炒物或燉煮料理的配料。

里芋 Taro

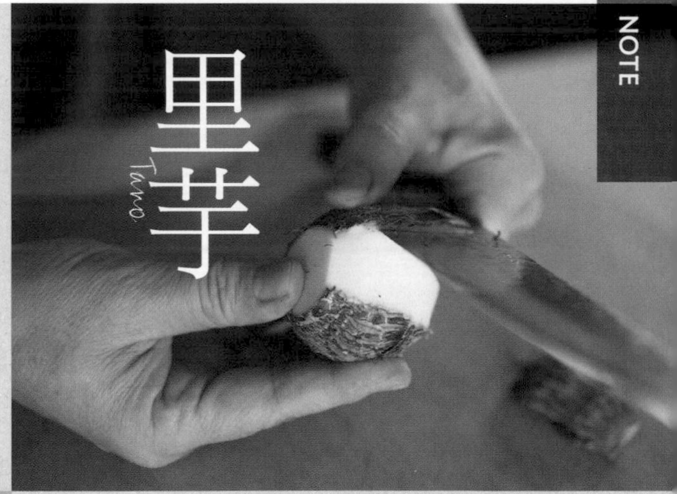

削皮

只要預先清洗後晾乾，就不會滑溜溜

里芋沾濕之後，會變得黏滑，不容易削皮，所以要先清洗晾乾。把前後端切除，沿著纖維，由下往上削皮，就不容易滑手，同時又能完美削皮。

去除黏液

有撒鹽搓揉的方法和擦拭去除的方法。

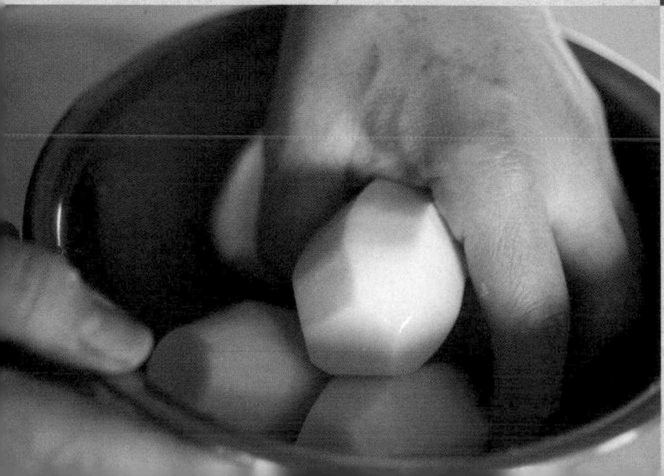

削掉外皮的里芋撒上較多的鹽巴，用手搓揉至黏液產生，然後再用流動的水沖洗掉黏液。

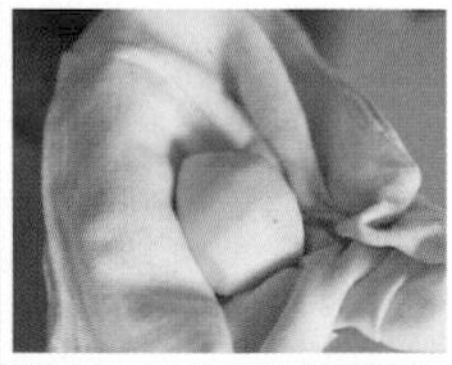

用乾布確實擦拭表面，就可去除某程度的黏液。

快速汆燙就完成
金針菇裙帶菜沙拉

材料與製作方法（2人份）

金針菇…½小袋（50g）
鹽藏裙帶菜（清洗後泡軟）…40g
醬油…2小匙
A 柑橘類（檸檬或柚子等）的原汁…1小匙
　橄欖油…1大匙
白芝麻…少許

1 金針菇切掉根部，將長度切成對半後，搓揉散開。用熱水快速烹煮後，用濾網撈起，放涼。裙帶菜切成一口大小，和醬油混拌後，放置10分鐘。

2 把A材料倒進步驟1的碗裡面，拌勻，裝盤後，撒上白芝麻。

Memo
香菇基本上可以不用清洗。如果擔心，就用專用的刷子或毛巾擦掉髒污。

炸里芋的甜味令人驚豔！
清炸里芋

Memo
一次把整袋份量的外皮全削掉時，沒有使用的部分就直接冷凍保存。冷凍後，纖維會遭到破壞，可直接用來燉煮或煮湯，就會產生鬆軟的口感。

材料與製作方法（2人份）

里芋…4～5顆
鹽巴…適量
炸油…適量

1 里芋清洗乾淨後，晾乾。削掉外皮，用毛巾擦掉表面的黏液。

2 把步驟1的里芋放進炸鍋裡，倒入淹至里芋一半高度的炸油。偶爾翻滾一下，用略小的中火炸10～15分鐘。竹籤可輕易刺穿後，就可以起鍋。把油瀝乾，撒上鹽巴。

長蔥 Green onion

切法

長蔥整支都能吃，可運用其香味與辛辣為料理增添風味。這是常用的切法

蔥花

從長蔥的邊緣開始切（小口切）。呈現薄片狀。

蔥末

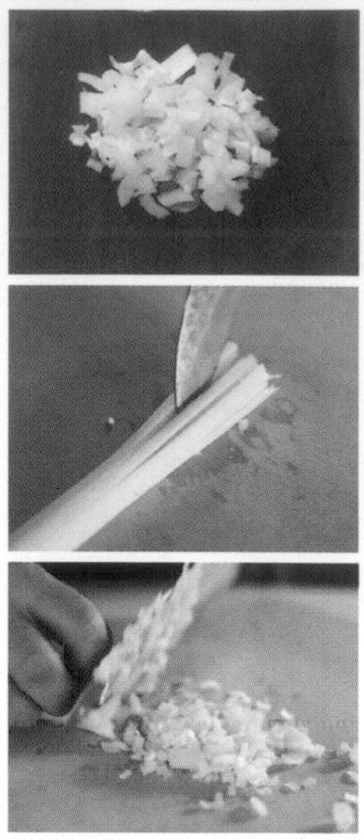

沿著長蔥的纖維，在縱向切出數道刀痕，再從邊緣開始細切成碎末。切的刀數越多，就成了細末，若減少刀數，則是碎末。

白髮蔥絲

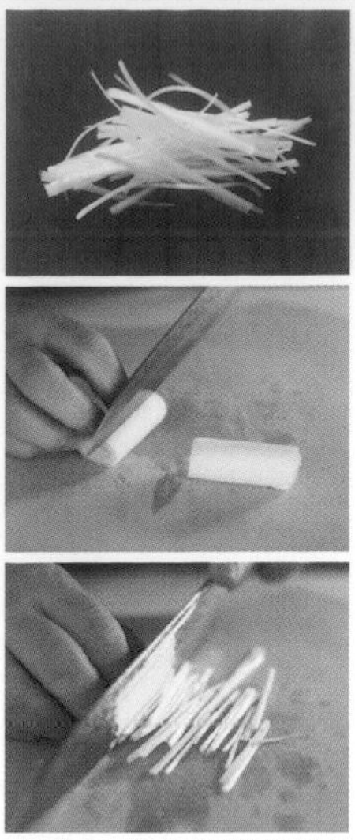

把長蔥的蔥白部分切成4～5㎝長，縱切入刀至中央，去除中央的芯。把白色部分攤開，內側朝下放置，從邊緣開始切成細絲。泡冷水約5分鐘，產生爽脆口感後，瀝乾水分。

豆芽 Bean sprouts

摘除鬚根

就算費時，還是要摘除鬚根。美味就能進階

Memo

豆芽菜買回家後，馬上用牙籤在袋子的正中央刺個洞，放進冷藏室保存，而不是蔬果室。約2～3天都能維持爽脆口感。

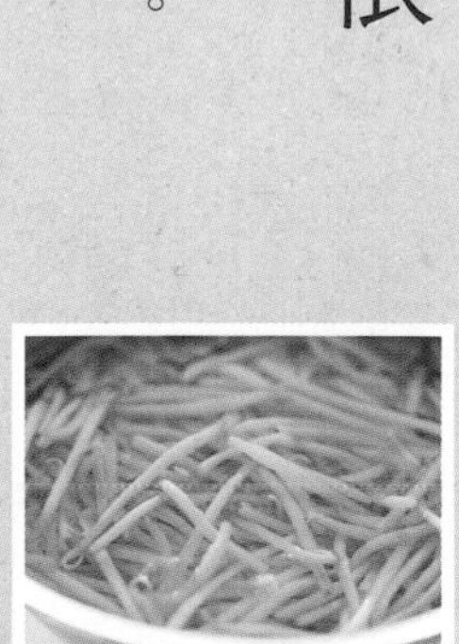

豆芽菜的鬚根要盡可能地摘除。浸泡冷水5分鐘，藉此產生爽脆口感。

Recipe

連蔥綠都要使用
炒梅蔥

Memo

長蔥整支都可以吃。葉蔥、分蔥、九条蔥也一樣。只要把根部清洗乾淨，就連根部都可以食用，所以把靠近根部的部分爽快切掉，實在有點可惜。

材料與製作方法（容易製作的份量）

長蔥…1根

A 梅乾（去除種籽後敲碎）…2顆（鹽份15％的種類）

味醂…1小匙

薄鹽醬油…½小匙

米糠油…1大匙

1 長蔥切成碎末。

2 把米糠油和步驟1的蔥末放進鍋裡，用中火翻炒。整體變軟後，加入A材料，持續炒至軟爛為止。

＊可以直接當成拌飯料、肉或魚的沾醬，又或者是水煮蔬菜或水煮蛋的醬料。

爽脆口感讓人上癮
甜醋拌豆芽

材料與製作方法（2～3人份）

豆芽…1包（200g）

A 鹽巴…¼小匙

醋、砂糖…各1大匙

醬油…1小匙

紅辣椒（小口切）…½條

1 豆芽摘除鬚根後，在冷水裡面浸泡5分鐘，藉此增加爽脆感。

2 把較厚的廚房紙巾鋪在耐熱容器（盡可能選用平底的種類）底部，鋪上步驟1瀝乾水分的豆芽，稍微用保鮮膜覆蓋，用微波爐加熱5分鐘。

3 把A材料放進碗裡混合，趁熱，把步驟2的豆芽倒入，拌勻。

先鋪上廚房紙巾，用微波爐加熱的時候，廚房紙巾就會吸走濕氣，就不會變得水水的。

萵苣

Lettuce

Kazuwo's NOTE

快速汆燙

只用來生吃太浪費了。
稍微汆燙也相當美味

萵苣用手撕成大塊，浸泡冷水，讓口感變得清脆。放進熱水稍微攪拌，變軟後，再用濾網撈起。

Memo

會發出喀嚓喀嚓清脆聲響，充滿咬勁的生萵苣，和軟嫩又帶點爽脆口感的燙萵苣。兩種味道都充滿魅力。萵苣切開之後，口感、顏色、味道都會變差，所以要盡快吃完。可以煮湯，或當成味噌湯的配菜。

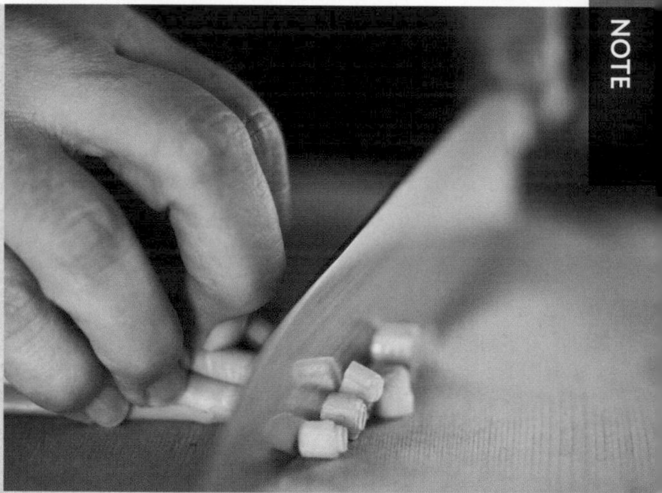

切除根部

切除的只有根部的堅硬部分。
白色部分也能吃

根部的堅硬部分切掉1㎝左右，剩餘部分就切成符合料理需求的長度。

最佳保存法

韭菜醬油

材料與製作方法（容易製作的份量）

韭菜…½把（50g）

A 長蔥（蔥白。切碎末）…½根
　薑（細末）…1塊
　醬油…5大匙
　砂糖…2小匙
　醋…1大匙

1 韭菜切除1㎝的根部，從白色部分開始切成小口切。

2 步驟1的韭菜和A材料放進保存容器混合，放置1小時使味道充分混合。

＊冷藏保存，約可存放1星期。可作為中華拌麵（參考P.55）、炒麵、炒蔬菜、炒肉等料理的調味用。

汆燙後依然清脆
溫萵苣燴扇貝

把芡汁淋在剛起鍋的萵苣上面，趁熱品嚐。

材料與製作方法（2人份）

萵苣：½顆
扇貝：1小罐（80g）
醬油：少許
太白粉：1人匙

1 萵苣用手撕成大塊，浸泡冷水，讓菜葉變得清脆。

2 把扇貝連同湯汁一起倒進小鍋，加入⅔杯的水，開火加熱。煮沸後，用醬油調味，用多一倍份量的水製作太白粉水，再倒進鍋裡勾芡。

3 把萵苣放進熱水裡面，快速汆燙，用濾網撈起，把水分瀝乾。趁熱的時候裝盤，淋上步驟2的芡汁。

韭菜
Chinese chive

韭菜醬油的創意
炒飯

材料與製作方法（1人份）

1 把2小匙米糠油放進平底鍋加熱，放入1碗白飯，撒上1撮鹽巴後，翻炒。飯粒散開之後，加入2~3大匙的韭菜醬油，確實翻炒。

2 把飯撥到鍋子旁邊，在空的地方打進一顆雞蛋。稍微攪拌後，混入白飯，充分拌勻，直續翻炒到粒粒分明為止。

Recipe

Kazuwo's NOTE

不浪費蔬菜的訣竅①

菠菜、日本油菜

Spinach, Komatsuna

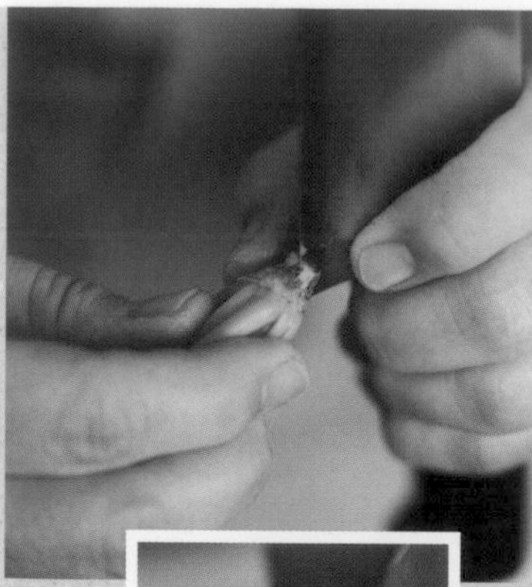

清洗

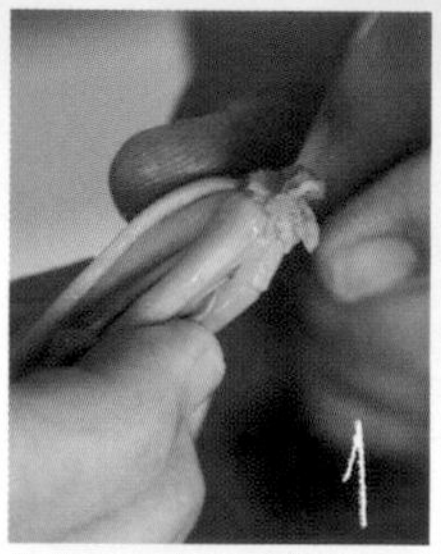

1 如果有根，就把根切掉，並在根部切出深度1㎝的刀痕。如果根比較粗的話，就切出十字切痕，若是細根，就切一道刀痕。

2 把根部放進大量的水裡面，仔細搓洗，把根部的泥巴洗掉。然後再清洗葉子。根部切出刀痕之後，加熱的時候，就能更加快速且受熱平均。

扁豆、甜豆

Snow peas, Snap garden peas

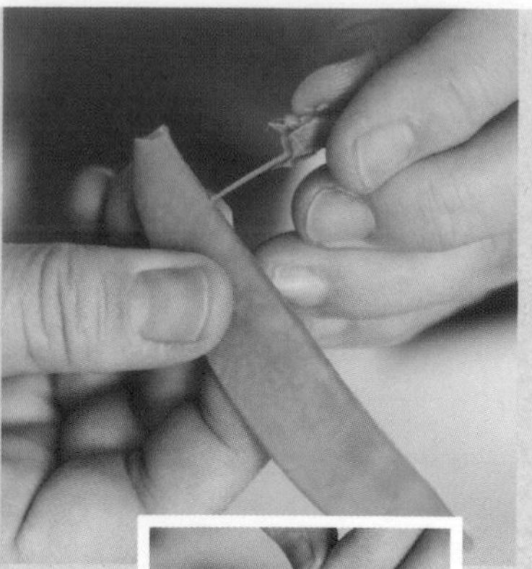

去筋

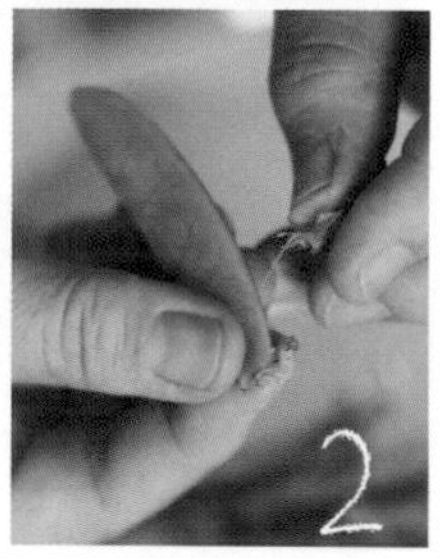

1 先從尾端（開花結莢的部分）開始。輕輕折斷尾端，直接往下拉，去除老筋。

2 然後再從蒂頭開始，以相同的方式，將老筋清除乾淨。

綠辣椒

Sweet green pepper

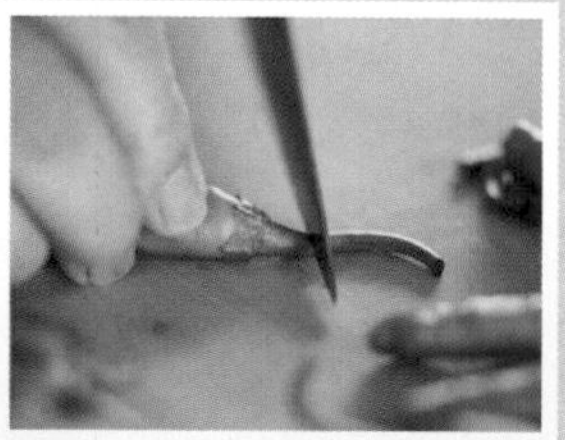

切除蒂頭

綠辣椒就從長蒂頭的最底部，把蒂頭切掉。

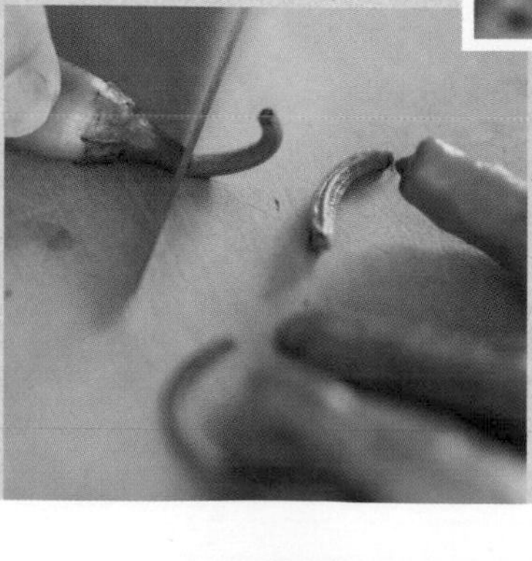

綠蘆筍

Green asparagus

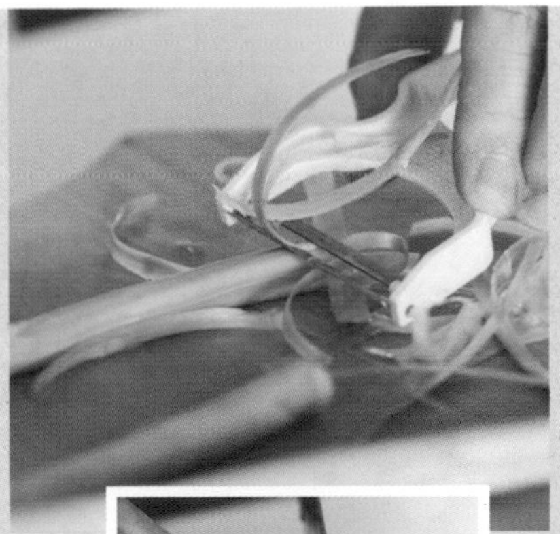

削皮

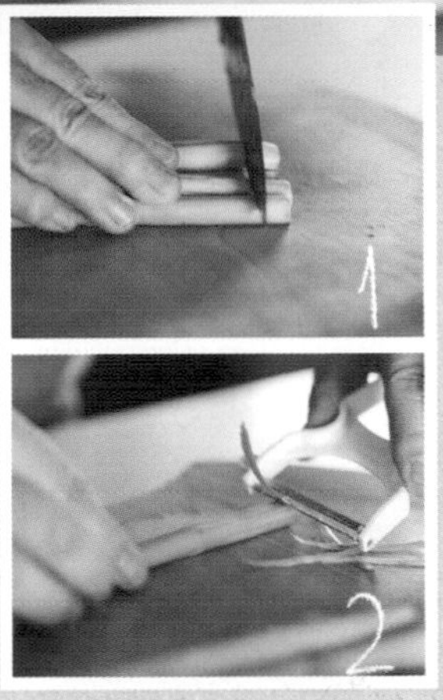

1 根部約切掉1cm左右，

2 下方⅓的外皮比較堅硬，所以要用刨刀削掉外皮。↓切掉的根、削掉的外皮可以製作成蔬菜湯（參考P.44）。

青花菜、花椰菜

Broccoli, Cauliflower

分切成小朵

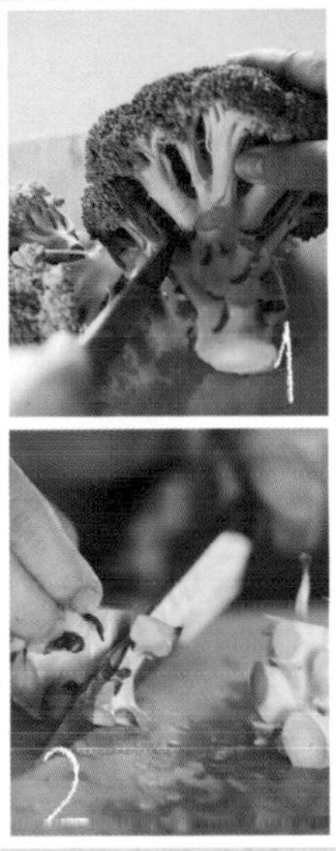

1 分切成小朵。就是把花蕾分切成適當的大小。用菜刀從莖伸出的花蕾根部插入，逐一分切成小朵。如果希望把花蕾切得更小，就先汆燙，然後再分切，這樣花蕾就不會散開。

2 莖較長的時候，把莖切成對半，外皮較厚的話，就進一步削除。內部軟嫩的部分可以食用。↓切下來的根部、外皮，可製作成蔬菜湯（參考P.44）。

洋蔥

Onion

切開剝散

希望直接帶芯使用的時候，尤其是用來炒的時候，切開之後，要預先用手把每一片剝開。讓受熱更加平均。

Kazuwo's NOTE

不浪費蔬菜的訣竅②

蓮藕

Lotus root

削皮

1 蓮藕沿著纖維，用刨刀削掉外皮。

2 蓮藕容易變色，所以削掉外皮後，要馬上泡水5分鐘，去除澀味。不需要用醋水，只要用清水就十分足夠了。

牛蒡

Burdock

清洗

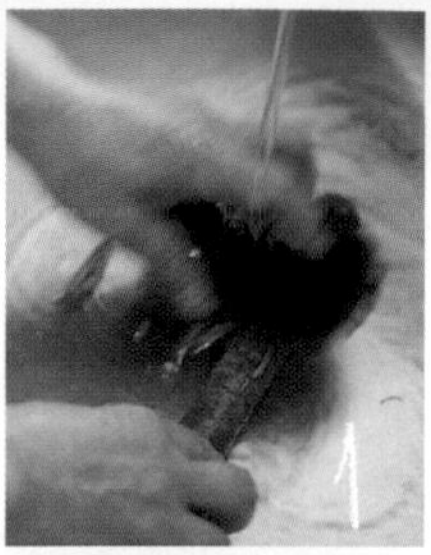

1 在流動的水下面，用鬃毛刷等工具刷除表面的泥土。

2 外皮也是美味的來源，所以不需要刷洗得太過用力。可是，希望料理上呈現偏白配色，或是希望湯汁不要有牛蒡顏色時，就要把外皮削掉。

蕪菁

Turnip

清洗

希望連同蕪菁莖一起料理時，就在流動的水下面沖洗，一邊用竹籤去除莖之間的髒汙。

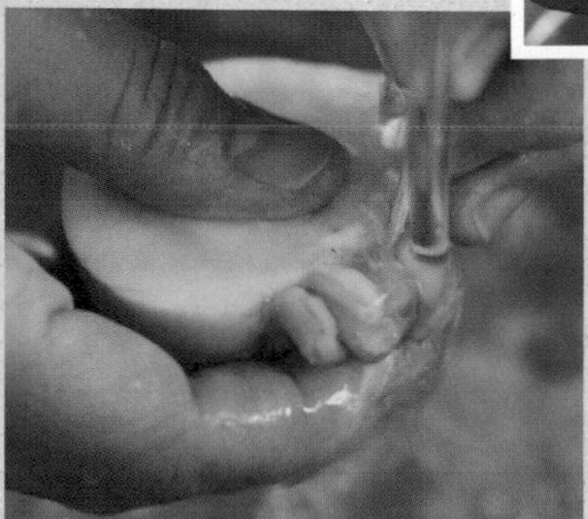

馬鈴薯

Potatoes

剔除芽眼

馬鈴薯若放置不理，就會在不知不覺間長出芽眼。芽眼的生長會破壞馬鈴薯的味道，所以如果看到芽眼，就要馬上加以剔除，再進行保存。

帶根蔬菜

Rooted vegetables

再生

水芹、鴨兒芹、豆苗等帶根蔬菜，只要把切下來的根放進水裡，就能夠再次生長。只要根部有浸泡到水就可以，每天更換一次水。長大後，就可以剪下來裝飾料理或當成配料。

山藥

Yam

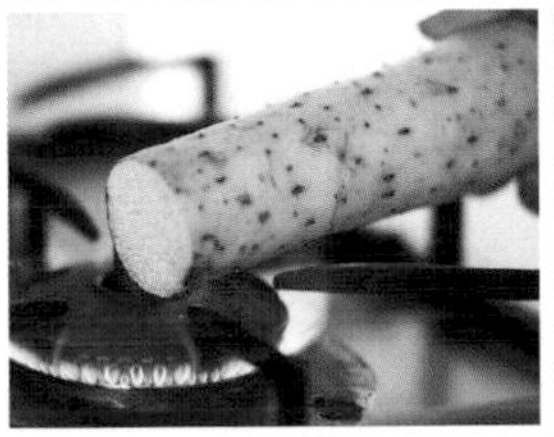

燒掉鬚根

山藥可以直接帶皮食用。細鬚根會影響口感，所以要用火快速燒掉，然後再清洗使用。

廚房的小巧思①

蔬菜殘渣

Column

皮和根只要放在一起煮，就成了美味高湯

把蔬菜的皮、根、堅硬的莖和種籽等，平常不會拿來製作料理，總是當成廚餘丟棄的部分收集起來，用水熬煮成蔬菜湯。確實萃取出蔬菜的鮮甜滋味，就可以用它作為高湯基底、火鍋湯底，也可以拿來烹製雜煮、湯麵或是燉煮料理。

不論是什麼蔬菜都OK。尤其是蔥類、蒜頭或薑等配料蔬菜的外皮，還可以增添香氣，讓整體的味道更加濃郁。可是，苦瓜的瓤和種籽、柑橘類的外皮或種籽，如果份量太多，就會產生苦味，所以用量須多加斟酌。

蔬菜湯的製作方法

1 把蔬菜殘渣放進鍋裡，加入淹過食材的水，開火加熱。煮沸後，改用略小的中火，熬煮約15分鐘。

2 用濾網過濾出高湯，用鹽巴稍作調味。

＊冷藏保存，可保存2～3天。

也可以直接加入少許鹽巴、胡椒，作成清湯。

Egg, Konjac, Tofu

2章

「雞蛋、蒟蒻、豆腐類」的技巧

雖然雞蛋是隨手可得的簡單食材，不過卻出乎意料地麻煩。因為很快就熟透，所以烹調時不能離開視線。水煮蛋的烹煮時間也是僅供參考。公克數、蛋黃和蛋白的比例、蛋殼的厚度、鍋子的大小、火候，都會產生不同的差異。請多做幾次嘗試，找出自己最適合的時間。

蒟蒻先汆燙再炒，就能去除蒟蒻獨特的腥味，味道更容易入味。雖然多一道程序，不過，這是非常重要的程序，不能省。蒟蒻用菜刀切，或用手撕，會因為剖面不同，而產生不同的風味，請務必嘗試看看。

豆腐要把水分瀝乾。若是直接放在盤子裡，撒上配料，豆腐滲出的水份就會積在盤底，淋上醬油之後，味道就會變淡。煮湯也一樣，如果直接放進湯裡，豆腐的水分會滲出，就會把湯的味道稀釋掉，請把這一點謹記在心。日式豆皮、油豆腐的油是美味來源，基本上不需要去油。如果是需要清爽口感的稻荷壽司，就要進行去油，除外的情況，就把油當成美味來源，直接進行烹調即可。如果有水分，就把水分擦乾，或是快速汆燙等，每次只要一點點時間就可以，請不要省略，試著做好做滿。

雞蛋 Egg

水煮

從熱水開始煮，殼會比較容易剝，烹煮時間也容易掌握。半熟7分、全熟12分

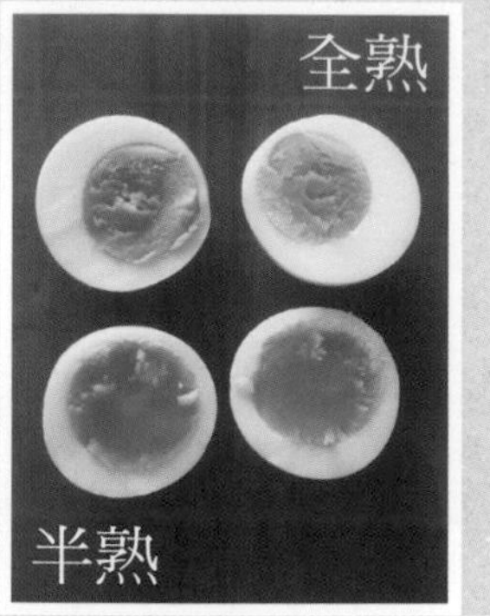

把從冰箱內拿出來，恢復成常溫的雞蛋，慢慢放進煮沸的熱水裡。剛開始要輕輕滾動一下雞蛋，讓蛋黃位移到雞蛋的正中央。以1顆65g的雞蛋來說，半熟大約煮7～8分鐘，全熟則是12分鐘。放進冷水裡面冷卻，再進行剝殼。

薄煎雞蛋皮

完整薄煎，冷凍保存。為便當配色加分

材料（12×18㎝，約4～5片）

雞蛋…2顆
鹽巴、砂糖…各1撮
米糠油…1小匙

1 把鹽巴、砂糖加進雞蛋裡面，以切開蛋白的方式，打散雞蛋。

2 煎蛋器加熱後，倒入米糠油，倒入¼～⅕份量的蛋液，讓蛋液均勻分布。雞蛋邊緣開始掀開後，把雞蛋皮翻面快煎（不要煎太久）。起鍋後，放在倒扣的濾網上面冷卻。以同樣的方式，煎出4～5片的雞蛋皮。

把筷子直立，讓筷子前端平貼在底部，以這種方式攪拌，就能確實打散蛋白。

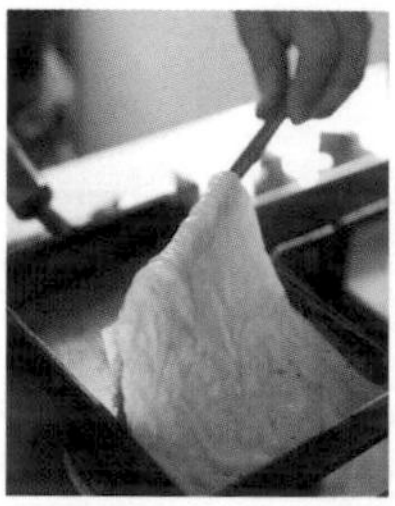

把筷子插進雞蛋下方，往上提，一口氣翻面。

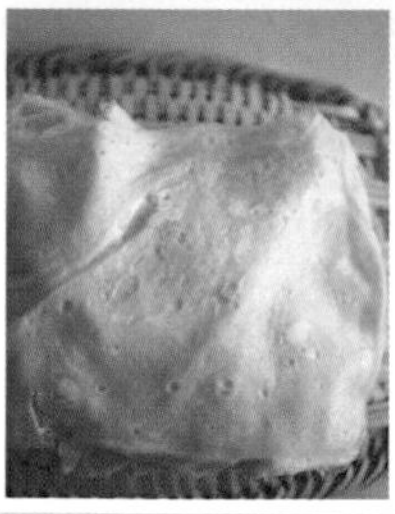

另一面快速煎過，避免煎太久。放在倒扣的濾網上面冷卻。

Memo

製作的時候，要把×所有蛋液都煎完，不要切，直接放進夾鏈袋冷凍保存。約可保存1星期左右。自然解凍後切成條，可用來裝飾便當。若要製作長度較長的錦絲蛋，就先把雞蛋皮捲起來再切。如果要製作較短的蛋絲，就先切出個人所需的長度，再從邊緣開始切成細條。

Recipe

有雞蛋就能製作出
美味吐司

2種 雞蛋吐司

水煮蛋吐司

材料與製作方法（1人份）

1 吐司1片，用烤箱烤過之後，抹上適量的奶油和美乃滋。

2 放上符合個人喜好份量的鹽味胡蘿蔔（參考P.15），放上縱切成對半的水煮蛋（1顆），撒上粗粒黑胡椒。

錦絲蛋吐司

材料與製作方法（1人份）

1 吐司1片，抹上適量的奶油和美乃滋，放上1片起司片，放進烤箱烤至起司融化為止。

2 把雞蛋皮切成細絲，鋪在上方。

手撕

手撕出不規則剖面，
讓味道更容易入味

Kazuwo's NOTE

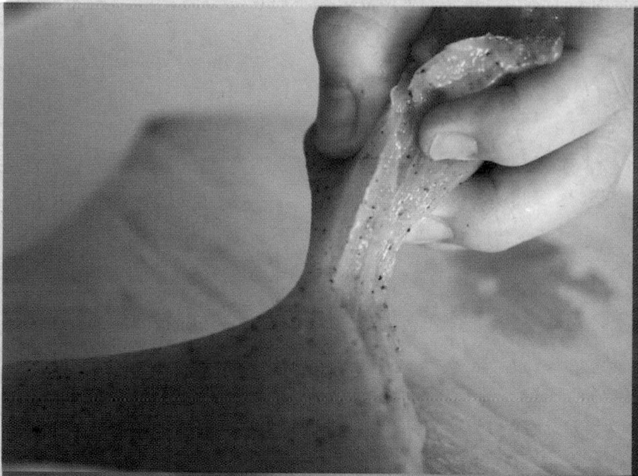

蒟蒻與其用刀切，不如徒手撕，藉此製造出不規格剖面，讓味道更容易入味。

蒟蒻的夥伴蒟蒻絲，就用食物剪剪成容易食用的長度。

Memo

當成關東煮或湯的配料時，要預先汆燙。用來炒或燉煮的時候，可藉由乾炒，去除腥味。這同時也是讓味道更容易入味的預先處理。

蒟蒻放進鍋裡，加入淹過食材的水量，開火加熱。沸騰之後，煮5分鐘，再用濾網撈起。蒟蒻絲也一樣，除了去除鹼味之外，預先汆燙就能消除獨特的腥臭味。

去除鹼味

汆燙或乾炒。
去除鹼味的同時，
還能變得更加美味。

把蒟蒻絲放進鍋裡，開火加熱，持續加熱使水分揮發，去除鹼味。蒟蒻也採用相同作法。

主角是蒟蒻。
也能運用剩餘的根莖類蔬菜

雜燴湯

材料與製作方法（4人份）

蒟蒻…½片

A 牛蒡（一口大小的滾刀切）…100g
蘿蔔（一口大小的滾刀切）…100g
胡蘿蔔（一口大小的滾刀切）…100g
里芋（削皮後切成一口大小。參考P.34）…4小顆
蓮藕（一口大小的滾刀切）…100g

豆腐（稍微瀝乾水分。參考P.50）…½塊
高湯…5杯

B 鹽巴…½小匙
薄鹽醬油…2小匙

芝麻油…1又½大匙

1 蒟蒻撕成一口大小，汆燙，去除鹼味。

2 把芝麻油和A材料、步驟1的蒟蒻放進較大的鍋子，開火，稍微拌炒。整體都裹滿油後，加入高湯烹煮。

3 蔬菜變軟之後，加入B材料，繼續煮5分鐘。最後把豆腐撕成容易食用的大小，加熱。

Recipe

蒟蒻

Konjac

豆腐 Tofu

豆腐從包裝內取出後，快速沖洗，放在舖有廚房紙巾的調理盤上面，靜置5～10分鐘，把表面的水分瀝掉。

『稍微』瀝掉水分

冷豆腐或烹煮時，
靜置5～10分鐘，
『稍微』瀝掉水分

最近也有人會採用這種方法。在包裝的上下緣切出刀痕，然後直接立放在水槽上方。

『徹底』瀝掉水分

製作炒物時，
就放上重石，
靜置10～30分鐘

豆腐從包裝內取出後，快速沖洗，用較厚的廚房紙巾包起來。在上方放個平底的調理盤或盤子，再進一步把石頭或罐頭等重物當成重石，放在最上方，靜置10～30分鐘，徹底瀝乾水分。時間就配合烹調的時間。

Memo

豆腐上面要擺放平底的調理盤或盤子、重石。重量就以與豆腐相同的重量為標準。

冷豆腐

凸顯豆腐的美味

材料與製作方法（1人份）

豆腐（個人喜歡的種類）…½塊（150g）
小黃瓜（削皮切絲）…¼條
長蔥（小口切）…適量
薑（切絲）…少許
醬油…適量

1 豆腐稍微瀝掉水分，裝盤。

2 放上小黃瓜、長蔥、薑，淋上醬油，就可上桌。

Recipe

煎豆腐

外皮酥脆

材料與製作方法（2人份）

豆腐（個人喜歡的種類）…1塊（300g）
鹽巴…¼小匙
太白粉…適量
米糠油…1又½大匙
蘿蔔泥、柴魚片…各適量
柚子醋醬油…適量

1 豆腐用廚房紙巾包起來，放上重石，若是木綿豆腐就靜置20分鐘，嫩豆腐就靜置30分鐘，確實把水分瀝乾。

2 把步驟1的豆腐切成5～6等分，撒上鹽巴，抹上太白粉。用平底鍋加熱米糠油，把豆腐放進鍋裡，將兩面煎成金黃色。

3 裝盤，放上瀝乾水分的蘿蔔泥，放上柴魚片，最後淋上柚子醋醬油或醬油，就可上桌。

美味來自於香氣，所以要確實煎至焦黃，這便是關鍵。

Kazuwo's NOTE

日式豆皮、油豆腐

Atsuage　Fried tofu

如果日式豆皮要用來製成稻荷壽司，就要先用熱水汆燙、去油，不過，若是其他料理則不需要刻意做汆燙去油之類的預先處理。如果有水氣，就用廚房紙巾，把表面的水分擦乾。

預先處理

如果有水氣，就把水分擦拭乾淨，不需要其他預先處理

Recipe

靠香氣提升美味

納豆豆皮煎

材料與製作方法（2人份）

日式豆皮⋯2片
納豆⋯2包
A 長蔥、珠蔥、綠辣椒（細末）
——⋯各適量
——醬油⋯½小匙

1 把納豆和A材料混合。

2 日式豆皮切成對半，呈袋狀打開，把適量的步驟1塞進豆皮內，用牙籤封住開口。

3 排放在空無一物的平底鍋裡面，把表面煎成焦黃。裝盤，依個人喜好，淋上醬油或柚子醋醬油。

＊沾七味唐辛子或柚子胡椒也很美味。

確實吸入高湯

油豆腐煮

材料與製作方法（2人份）

油豆腐⋯1塊
高湯⋯1杯
砂糖、醬油⋯各1大匙

1 油豆腐切成一口大小。

2 把步驟1的油豆腐和高湯放進鍋裡，開火加熱。沸騰之後，加入砂糖，蓋上紙蓋，用略小的中火煮10分鐘。

3 拿掉紙蓋，改用中火，加入醬油，一邊收乾湯汁，熬煮5分鐘。直接放置冷卻，要吃的時候再加熱。

Meat

3章

「肉」的技巧

肉買回家之後，可以先撒上鹽巴、用味噌醃漬，或是預先調味烹煮，只要事先做好調味，之後的烹調就會變得十分輕鬆。可是，雖然牛肉只要放點鹽，過一段時間就能入味，但是，肉質容易變硬，也會釋放出水分，所以製作牛排等料理時，要在下鍋前進行調味。味噌漬牛肉只要利用悶煎方式，就能製作出柔嫩口感。絞肉可製作成肉鬆、搓成丸子，或用食材包覆，烹調的方式相當多元，同時也容易確認味道。雞肉只要預先去除多餘的脂肪，就可以讓受熱更加均勻。外皮則一邊煎出油脂，製作出酥脆的口感。帶骨的肉只要沿著骨頭切出刀痕，就能更容易骨肉分離，同時受熱更均勻。豬肉片預先撒上鹽巴，不光有調味的效果，還能引誘出鮮味，同時拉長保存期限。

厚切肉只要把筋切掉，肉就不會翹曲，形狀更漂亮。烹調肉塊時，最讓人擔心的是不容易確認熟度，不過，只要煮熟之後，確實靜置，就能讓內部確實熟透。牛筋肉需要花費較長的時間烹煮，不過，只要一次多煮一點起來放，就可以兼顧肉和湯的美味，十分方便。

製作肉鬆

與調味料結合，製成肉鬆。
只要用大鍋子製作大量，
就成了便當的最佳配料，
三餐都能享用

把絞肉、油放進冰冷的平底鍋。這裡先不開火加熱。

用木鏟稍微攪拌整體後，開火加熱。

一邊加熱，一邊把絞肉弄散。使用搗碎器會比較容易攪散。

肉熟透，變得鬆散之後，加入調味料，使整體入味後，便大功告成。

當成甜鹹味的小菜配料

雞肉鬆

材料與製作方法（5～6人份）

雞絞肉：600g
A 薑（細末）：2塊
　酒：¼杯
　砂糖：2大匙
　米糠油：1大匙
醬油：3大匙

1 把絞肉和A材料放進較深的平底鍋裡，稍微混合攪拌均勻後，開中火加熱。一邊攪散，一邊翻炒。

2 絞肉變得鬆散後，加入醬油調味，在湯汁幾乎收乾的時候關火。冷卻後裝進保存容器，冷藏保存。大約可保存1星期。若是冷凍保存，則可保存2星期左右。

Memo

份量大約是三餐左右的兩人份料理。絞肉也可以使用豬肉或牛肉，也可以用味噌或醬味等個人偏愛的調味料進行調味。

Recipe

三色蓋飯

甜味煎蛋和鹹甜的肉鬆，超絕配

材料與製作方法（2人份）

1 把1片薄煎雞蛋皮（參考P.46）切成細條。四季豆4～5支，用熱水汆燙，冷卻後，縱切成對半，再把長度切成3～4㎝。

2 把2碗份量的溫熱白飯裝在碗裡，鋪上適量的雞肉鬆和步驟1的配菜。

＊如果沒有青色蔬菜，也可以改成雙色蓋飯，撒上切碎的海苔或紅薑也不錯。

中華拌麵

只要有雞肉鬆，就能快速完成

材料與製作方法（2人份）

1 包豆芽（200g）摘除鬚根，浸泡冷水後，瀝乾。放進耐熱容器，蓋上保鮮膜，用微波爐加熱5分鐘（參考P.37）。

2 用熱水把2球中華生麵煮熟，起鍋後，放進冷水裡清洗乾淨，把水分瀝乾後，裝盤。鋪上適量的雞肉鬆和步驟1的豆芽，淋上適量的韭菜醬油（參考P.38）、2小匙芝麻油，拌勻後就品嚐。

Kazuwo's NOTE

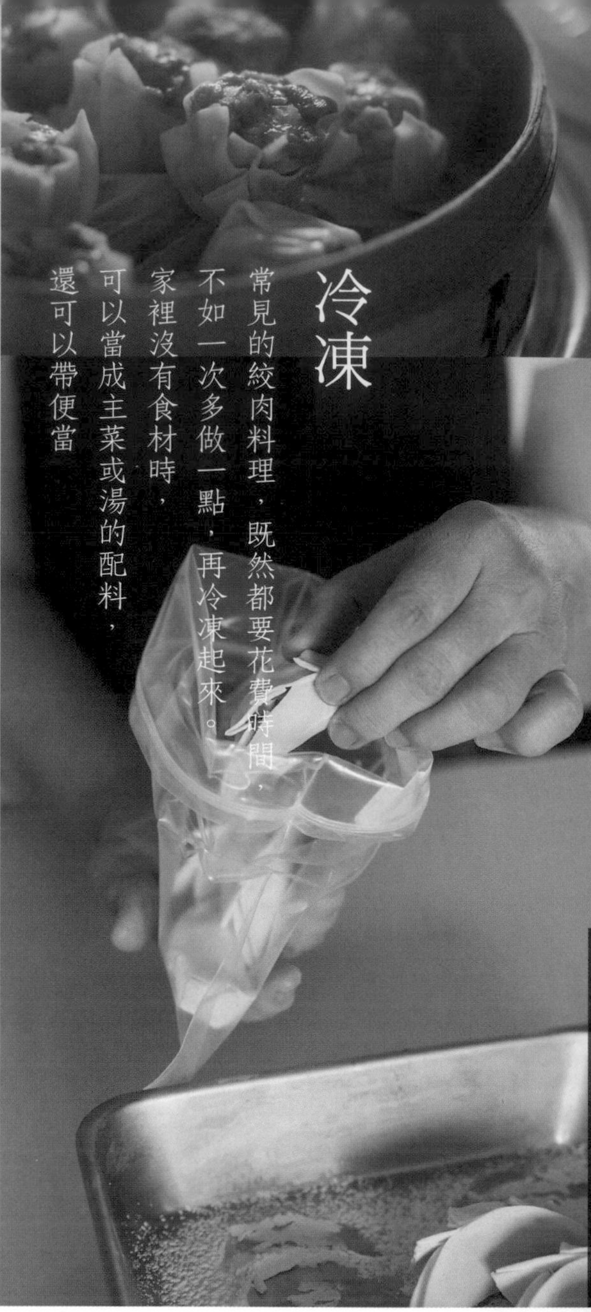

冷凍

常見的絞肉料理，既然都要花費時間，
不如一次多做一點，再冷凍起來。
家裡沒有食材時，
可以當成主菜或湯的配料，
還可以帶便當

餃子

餃子要在生的狀態下冷凍。在調理盤撒上太白粉，然後再排放上餃子。為避免滴到水，要用保鮮膜加以覆蓋，放進冷凍庫冷凍1小時。

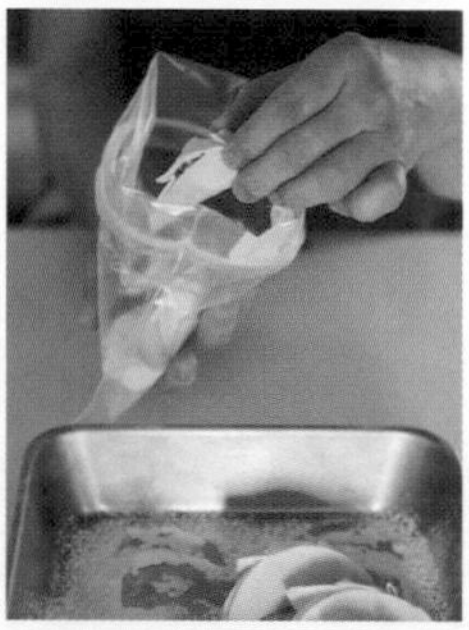

冷凍1小時後，把1個個餃子拿起來，放進夾鏈袋裡面。

就這樣直接冷凍保存，約可保存2星期。因為一個個分開，所以可以依照需求，取出需要的份量使用。可直接在冷凍的狀態下煎煮，或是放進湯裡面。

Recipe

餃子

材料與製作方法（52顆）

1 高麗菜⅓顆切成細末，撒上大於¾小匙的鹽巴，輕輕搓揉後，放置一段時間，瀝乾水分。洋蔥1顆切成碎末，韭菜⅔把切成小口切，薑1塊切成細末。

2 把豬絞肉300g、步驟1的食材、⅓小匙鹽巴、醬油、魚露各2小匙、芝麻油、太白粉各1又½大匙放進調理盆，充分搓揉拌勻。

3 把步驟2的食材放在餃子皮上面（2包，52片），周圍用水沾濕，將餃子邊緣折疊起來。

＊若要製作成煎餃，就先用抹了油的平底鍋煎餃子底部，然後加水，蓋上鍋蓋悶煎。等到水完全燒乾後，掀開鍋蓋，進一步把底部煎至酥脆程度。

燒賣

材料與製作方法（30個）

1 乾香菇3朵，用水泡軟後，切除菇柄（參考P.92），切成細末。洋蔥1顆切成細末。

2 把豬絞肉350g、步驟1的食材、1小匙醬油、1小匙鹽巴、2大匙太白粉放進調理盆，充分搓揉拌勻。

3 把步驟2的食材放在燒賣皮上面（30片），包起來。放進蒸籠，用大火蒸7~8分鐘。

燒賣

Minced meet

絞肉

燒賣要蒸好之後再冷凍。蒸好出籠，等熱度消退後，放進保存容器，或用保鮮膜把數個包成一包。

就這樣冷凍保存，約可保存2星期。用微波爐或蒸籠加熱後，就可上桌。另外，也可以直接在冷凍狀態下煎煮或油炸。

漢堡排

漢堡排煎熟後再冷凍。熱度消退後，放進保存容器或1個個用保鮮膜包起來，冷凍保存，約可保存2星期。可在冷凍狀態下悶煎，或搭配番茄醬等醬料燉煮。如果製作成便當用的小漢堡排，就會更加便利。

肉丸子

肉丸子煮熟後再冷凍。熱度消退後，連同湯汁一起放進保存容器冷凍保存，約可保存2星期。可連同湯汁一起重新加熱，拿來煮湯或鍋物（參考P.106）。除直接食用之外，製作成日式甘辛者，或用番茄醬、奶油燉煮，也非常美味。

Memo

肉餡務必試過味道後，再包起來，或是煎煮。因為完成之後就很難調整鹹度，所以可以先把一口份量放進耐熱容器，用微波爐加熱，確認過鹹度之後，再進入下一個步驟。

漢堡排

材料與製作方法（5～6個）

1 洋蔥1大顆切成細末，用1大匙橄欖油拌炒後，放涼。吐司1片（或2～3片份量的吐司邊）撕碎後，放進4大匙牛乳裡面浸泡。

2 把牛豬混合絞肉400g和步驟1的洋蔥放進調理盆混合攪拌。加入1顆雞蛋、步驟1的吐司、鹽巴、胡椒各少許、1又½小匙的醬油，混合拌勻。分成5～6等分後，搓成圓形。

3 用平底鍋加熱2小匙米糠油，放進步驟2的漢堡排煎煮，把兩面煎成焦黃色，蓋上鍋蓋，悶煎4～5分鐘。

＊製作三明治時切掉的吐司邊，只要冷凍保存，就能派上用場。

肉丸子

材料與製作方法（約20顆）

1 長蔥1支切成細末，珠蔥6支切成小口切。

2 把雞絞肉500g、步驟1的食材、鹽巴、魚露、醬油各½小匙、胡椒少許、酒1大匙、太白粉1又½大匙放進調理盆，確實混合拌勻。

3 把3杯熱水煮沸，用湯匙或手把步驟2的食材捏成圓形，放進沸騰的熱水裡，水再次沸騰後，改用中火煮7～8分鐘。關火，直接放涼。

煎

清洗後，切除多餘的皮、脂肪後香煎。
只要一個小步驟，
雞肉就會變得美味。
試試簡單的香煎吧！

雞腿肉

Chiken

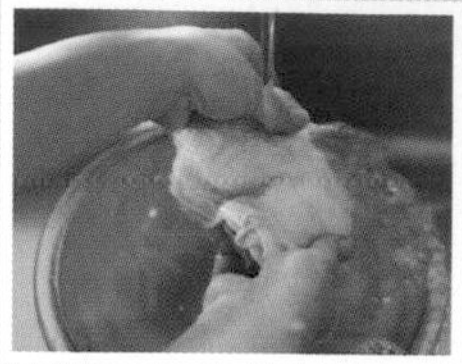

雞腿肉快速清洗，去除腥味，用廚房紙巾把水分確實擦乾。雞胸肉或雞翅等也一樣，雞肉要清洗乾淨後再烹調。

只要把多餘的雞皮、黃色的脂肪、肉筋切掉，就能同時去除腥臭味，受熱也會更加均勻。

煮

切出刀痕，
就能更容易食用，
就連切掉的雞翅尖
也一起烹煮

雞翅膀

Chiken

雞翅快速清洗，去除腥味，用廚房紙巾把水分確實擦乾。

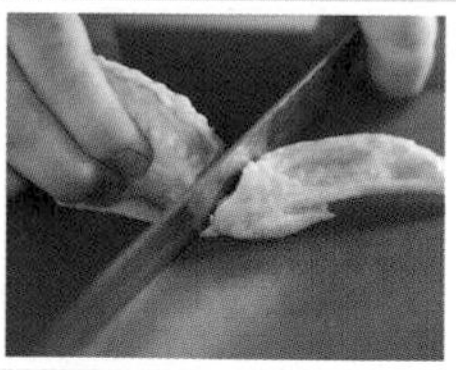

雞翅尖沒什麼肉，所以先切掉。不過，切掉之後不要丟棄，可以一起烹煮，讓湯汁更加美味。或者也可以用水烹煮10分鐘，製作成湯品。

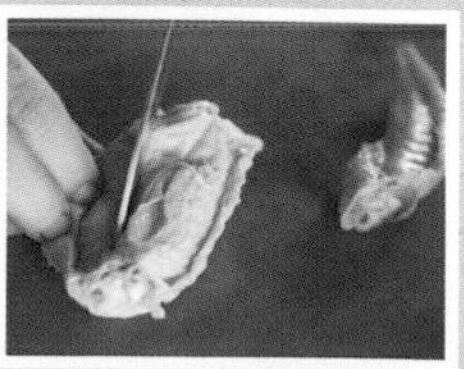

翅中段的部分，沿著骨頭，用菜刀切出2~3道刀痕。可以使受熱更均勻，更容易骨肉分離。

Recipe

煎雞排

利用鹽味 誘出雞肉的鮮美

材料與製作方法（2人份）

雞腿肉…250g，2片
鹽巴…1小匙
胡椒…少許
冷凍小番茄（參考P.22）…16～20顆
檸檬梳形切…2個

1 雞肉快速水洗，把水分確實擦乾。去除多餘的雞皮、油脂。撒上鹽巴（雞肉重量的1%），靜置10分鐘入味。撒上胡椒。

2 把步驟1的雞腿肉放進熱鍋的平底鍋，雞皮朝下，煎7～8分鐘，直到雞皮呈現酥脆。如果有油脂釋出，就用廚房紙巾吸掉油脂，翻面。

3 把冷凍狀態的小番茄放進空的地方，煎2～3分鐘，雞肉熟透之後，裝盤。在小番茄上面撒上少許鹽巴（份量外），隨附上檸檬。

＊配菜就是冷凍的小番茄。在冷凍狀態下，直接放進鍋裡煎。

雞翅甘辛煮

雞翅尖也一起熬煮

材料與製作方法（2人份）

雞翅…8支
A 酒…¼杯
醬油…2大匙
砂糖、味醂…各1大匙
蜂蜜…1小匙

1 雞翅快速水洗，把水分確實擦乾。從關節處，把雞翅尖切掉，翅中段沿著骨頭，切出刀痕。

2 把步驟1的雞翅和½杯水放進鍋裡，開中火加熱，沸騰之後，撈除浮渣。加入A材料，蓋上落蓋，用略小的中火煮10分鐘。

3 拿掉落蓋，加入蜂蜜，一邊晃動鍋子，讓雞翅確實裹滿湯汁。

豬肉片

Pork

撒鹽

直接放在包裝裡撒鹽，
蓋上保鮮膜，放進冷藏。
只要預先製作成鹽豬，
就能拉長保存期限，
烹調時無須預先調味

Kazuwo's NOTE

豬肉片（肩胛肉、里肌肉、腹肋肉等），就直接放在包裝裡面，撒上豬肉重量1%的鹽巴。

讓保鮮膜和肉片緊貼，然後冷藏保存。可以馬上食用，不過，如果要製作鹽豬的話，就留到隔天再品嚐。

鹽豬

鹽巴是豬肉重量的1%

材料與製作方法（容易製作的份量）

豬肉片（腹肋肉、肩胛肉、里肌肉等）…適量
鹽巴…適量

1 豬肉直接放在包裝裡面，撒上鹽巴。讓保鮮膜和肉片緊密貼附，冷藏保存。約可保存3天。

肉包飯

鹽豬的鮮美滋味滲入白飯裡面

材料與製作方法（2人份）

1 1米杯剛煮好的白飯分成8等分，用沾了少許鹽巴的手，把白飯捏成橢圓或圓形。準備8片鹽豬（個人偏愛的部位），用肉片把白飯包起來，稍微輕捏，讓白飯和肉片緊貼。

2 把步驟1的肉片放進平底鍋，收口處朝下，開中火加熱。稍微焦黃後，慢慢滾動，全面煎烤。肉片熟透後，加入醬油、味醂各1～1又½小匙，一邊滾動，讓整體裹滿醬汁。

＊只用肩胛肉或里肌肉製作時，由於脂肪比較少，所以平底鍋要先抹上少量的油，再進行煎烤。

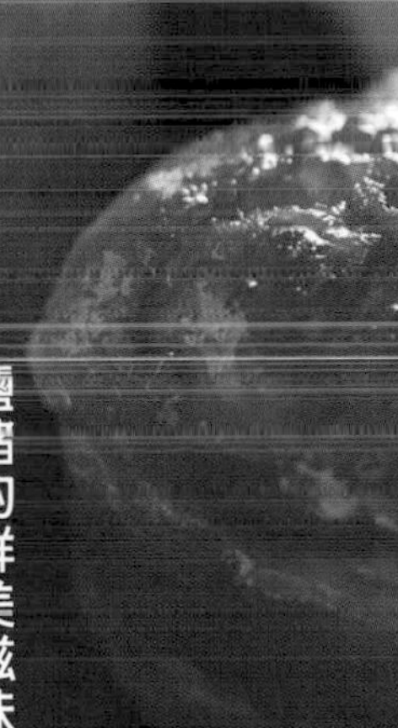

把鹽豬包在飯糰的外面，最後稍微輕捏，讓食材更加貼附。

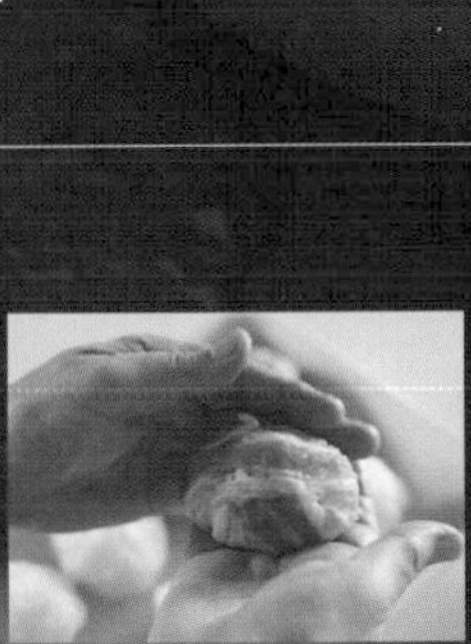

剛開始煎的時候，要讓收口處朝下，等肉緊密貼附後再開始滾動煎烤。

味噌漬

牛排、豬排
就用甜味噌預先浸漬。
和蔬菜一起悶煎，
就能美味上桌

Kazuwo's NOTE

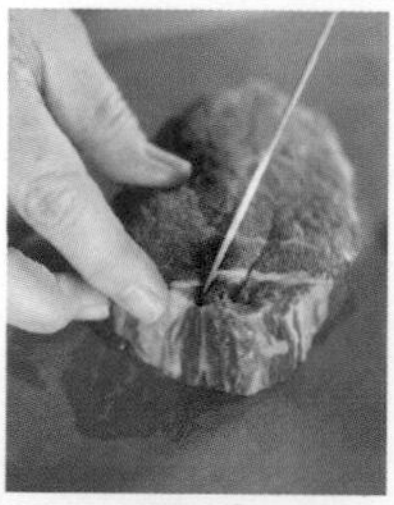

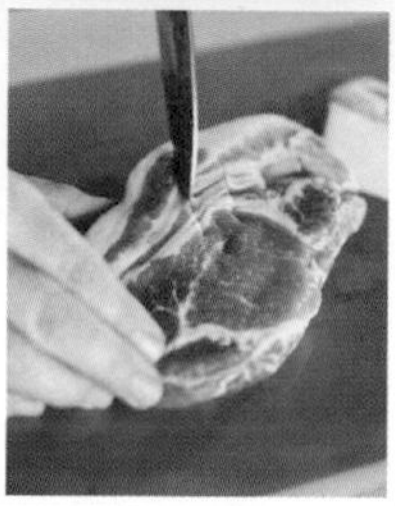

不管是牛肉也好，豬肉也罷，都要把脂肪和肉交界處的肉筋切斷（斷筋），以免肉片在煎烤時捲翹變形，刀痕盡量不要太大。

先在底部鋪上味噌，然後把肉放在味噌上面，最後在上方抹上味噌，讓雙面都能沾到味噌。

用保鮮膜緊密包覆，以免味噌溢出。

牛、豬 厚切肉

Beef Pork

味噌漬牛肉

用豬肉製作也OK

材料與製作方法（2人份）

牛排肉（瘦肉）：120g，兩片
鹽巴：2撮
A 味噌：3大匙
— 砂糖：1～2大匙
— 酒：1大匙

1 用廚房紙巾擦乾牛肉的水分，斷筋後，撒鹽。A材料混合備用。

2 把較大尺寸的保鮮膜攤開，把¼份量的A材料鋪在中央，放上1片肉，上面再抹上¼份量的A材料。

3 用保鮮膜包起來，另一片也採用相同的做法。冷藏保存約可保存3天。冷凍保存約可保存2星期。自然解凍後，就可煎烤。

連同配菜一起完成
悶煎牛肉白菜

材料與製作方法（2人份）

1 把2片味噌漬牛肉上面的味噌輕輕擦掉。用平底鍋加熱2小匙米糠油，用大火把兩面煎成焦黃。

2 暫時取出牛肉，把2片切成塊狀的大白菜鋪在鍋底。放回牛肉，將牛肉鋪在大白菜上方，蓋上鍋蓋，悶煎5分鐘。

3 把牛肉切成個人偏愛的厚度，連同大白菜一起裝盤。

因為味噌漬牛肉容易焦黑，所以只把表面香煎，之後再連同帶有水氣的蔬菜一起悶煎。

Recipe

燉煮

肉塊就製成最經典的燉肉。整塊放進鍋裡烹煮，就能夠用較少的湯汁燉煮，沒有一絲浪費。直接就可以上桌品嚐

豬肉塊 Pork

Memo

用棉線綁起來的肉塊，不僅形狀漂亮，口感也會比較緊實。沒有綁線的肉塊，形狀比較不平均，不過，口感比較軟嫩。美味各有特色，敬請任選自己喜歡的方式。

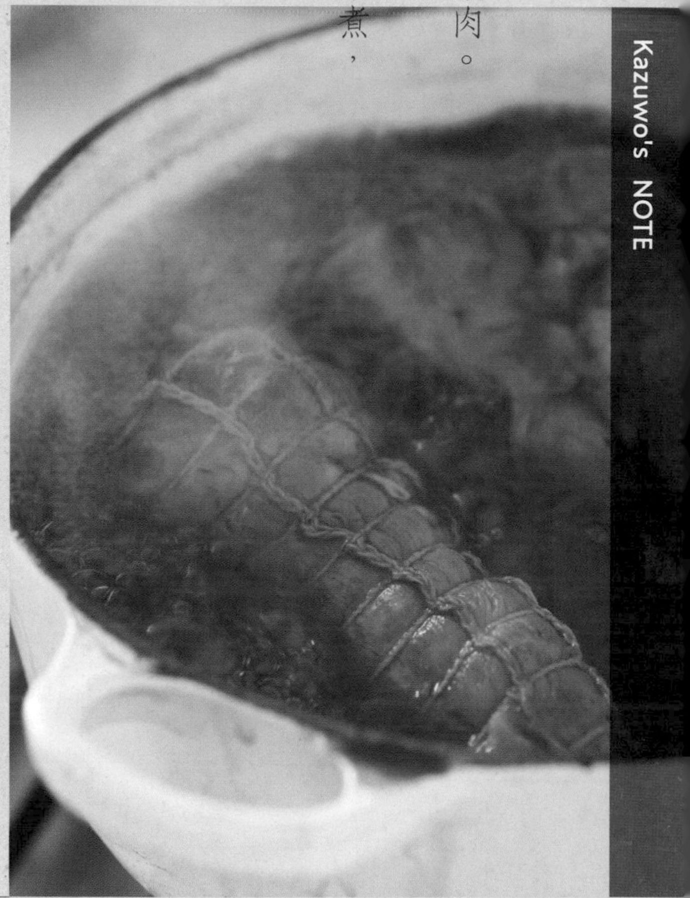

使用可以確實裝入整塊肉的鍋子烹煮。先從油脂部分開始煎烤，油釋出之後，再全面翻滾煎烤。

加入香味蔬菜、酒、砂糖、水，燉煮40分鐘後，靜置一晚。如果是夏天的話，就要放進冰箱冷藏。

仔細地去除凝固的油脂（豬油）。豬油可用來炒蔬菜或炒飯，會特別香且濃郁。

最後，加入醬油煮，讓味道充分入味。

個人偏愛的部分

日式豚角煮

材料與製作方法（6~8人份）

豬肉塊（腹肋肉或肩胛肉）…500g，兩塊

A 蒜頭（拍碎）…2瓣
薑（帶皮，切片）…2塊
酒…1杯
砂糖…3大匙

醬油…4~5大匙

1 豬肉在常溫下靜置20分鐘。

2 把油脂部分朝下，放進較厚的鍋子（直徑20㎝）裡，開小火加熱。產生油脂之後，改用中火，全面翻滾煎烤。用廚房紙巾吸掉產生的油脂。

3 加入A材料和幾乎快淹過食材的水（約2杯），沸騰之後，蓋上鍋蓋，改用略小的中火燉煮40分鐘。偶爾掀蓋確認一下狀況，如果湯汁有減少的情況，就再添加一些水烹煮。靜置一個晚上，放涼。

4 仔細地撈除表面凝固的油脂。在沒有加蓋的狀態下煮沸，加入醬油，用略強的中火熬煮20分鐘。直接放著，等熱度消退。

＊直接整塊保存。連同湯汁一起放進保存容器冷藏保存，約可保存1星期。

Recipe

日式豚角煮切片

剛完成的日式豚角煮

材料與製作方法（3～4人份）

1 日式豚角煮的熱度消退後，切成個人喜歡的厚度，裝盤，淋上適量的湯汁。附上適量的白髮蔥（參考P.36）和斜切成絲的珠蔥。搭配芥末醬或西洋黃芥末，用菜葉蔬菜包著吃，就十分美味。

牛肉塊
Beef

煎烤

直接整塊
用平底鍋煎烤，
之後再利用餘熱熟透，
就這麼放置一段時間，
炙燒牛就完成了

Kazuwo's NOTE

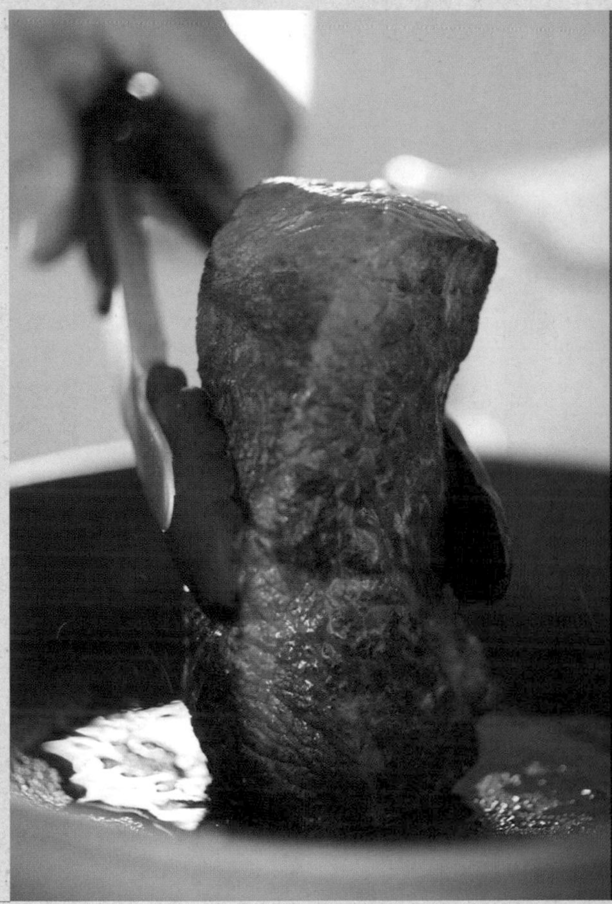

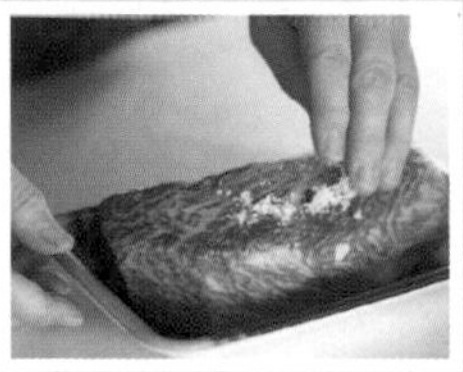

在恢復至常溫的肉上面撒上鹽巴（肉的重量的2%）。

放進平底鍋，大約花15分鐘的時間，把六面全部煎烤成焦黃色。

馬上用鋁箔包起來，在常溫下放置2～3小時。進一步在冰箱內放置一晚，冷卻之後，會變得比較好切。

仔細煎烤全面
炙燒牛

材料與製作方法（3～4人份）

牛肉塊（沙朗）⋯350g
鹽巴⋯大於1小匙（7g）
＊牛肉要選購容易煎烤的長條形。

1　牛肉在常溫下放置20分鐘。
2　煎烤前先搓入鹽巴。把空的平底鍋加熱，大約花15分鐘的時間，用中火把肉全面煎烤成焦黃色。
3　用鋁箔包起來，靜置2～3小時，進一步放進冰箱冷藏一晚。

Memo

肉從冰箱取出後，不要馬上加熱。放在常溫下，等油脂變軟後，再進行烹調，受熱才會比較平均。如果有水或血流出，務必要擦拭乾淨。

Recipe

搭配大量蔥花
炙燒牛切片

材料與製作方法（3～4人份）

炙燒牛切成薄片，裝盤。撒上小口切的珠蔥。依個人偏好，搭配山葵，或是淋上醬油或柚子醬油等品嚐。

牛肉切開後，靜置5分鐘，切口的紅嫩色澤就會變得鮮豔。

水煮

焯水2~3次，
就能享受驚奇美味。
多花點時間是值得的！
只要烹煮至軟爛，
就連美味的湯汁
也能靈活運用

首先，先水煮。用大量的水烹煮。沸騰後，就會產生浮渣。

用濾網撈起來，把熱水倒掉，把肉倒回鍋裡，倒進新的水烹煮。

就這樣反覆焯水2~3次，直到幾乎不會產生浮渣為止。

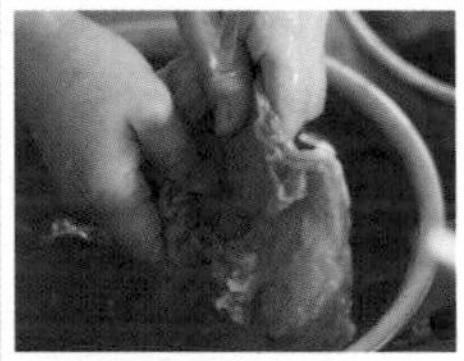
焯水完成後，在流動的水下面仔細沖洗，把浮渣沖洗掉。

切成容易食用的大小，放進鍋裡，加入酒、水，烹煮至足夠軟爛的程度為止。

若要反覆使用，就煮這個份量

清燉牛筋

材料與製作方法（7~8人份）

牛筋肉…1kg
酒…½杯

1 把牛筋肉、淹過食材的水放進較大的鍋子裡，煮沸。把湯汁倒掉，把肉放回鍋裡，加入新的水，再次開火烹煮。就這樣重複2~3次。

2 用濾網把肉撈起來，在流動的水下面，把肉沖洗乾淨，切成容易食用的大小。

3 把步驟2的肉、酒和淹過食材的水放進鍋裡，煮沸後，改用略小的中火烹煮1小時。如果湯汁快溢出，就把蓋子稍微移開。如果湯汁變少，就再加點水。總之，就是隨時維持肉浸泡在湯汁裡的狀態。

4 肉變得軟爛之後，關火。冷卻後，連同湯汁一起放進保存容器，放進冰箱冷藏，約可保存1星期。

Memo

焯水、烹煮期間，肉會變小塊，所以請以500g，2~3人份為標準。牛筋肉的美味會釋放到湯汁裡面，所以湯汁的部分可以用來製作湯品、關東煮、鍋底或是咖哩。

Recipe

若想簡單吃的話

鹽煮牛筋

材料與製作方法（2人份）

把適量的清燉牛筋，連同湯汁一起放進小鍋，用適量的鹽巴調味。裝盤，撒上大量的蔥花，再依個人喜好，撒上七味唐辛子。

牛筋肉

Beef

Recipe

主角是清燉牛筋的湯汁

溫麵

材料與製作方法（2人份）

1. 用熱水煮熟2把細麵，浸泡冷水，搓洗乾淨後，把水分瀝乾。
2. 把適量的清燉牛筋和2又½杯湯汁，一起放進鍋裡加熱，用適量的鹽巴和醬油調味。
3. 把步驟1的細麵再次煮沸後，裝盤，隨附上薑絲（1塊）和斜切成絲的珠蔥（適量）。

大量製作，確實入味

牛筋蘿蔔蒟蒻煮

材料與製作方法（2~3人份）

1 ½條蘿蔔切成略大的滾刀切，放進鍋裡，加入淹過蘿蔔的水烹煮。蘿蔔變軟後，用濾網撈起，用水逐個清洗乾淨（參考P.17）。

2 用手把蒟蒻1片撕成一口大小，汆燙去除鹼味（參考P.48）。

3 把清燉牛筋300g、步驟1的蘿蔔、步驟2的蒟蒻、牛筋的湯汁3杯，放進鍋裡加熱。煮沸後，改用略小的中火，加入鹽巴½小匙、薄鹽醬油2大匙，烹煮10分鐘。直接放涼，吃的時候再加熱。

Kazuwo's NOTE

雞肝
Leber

去瘀血

前置作業是關鍵。
浸泡冰水，
使肉質變得緊實後，
就會比較容易處理，
同時也能去除腥味，
變得更加美味

雞肝浸泡冰水10分鐘左右，肉質變得緊實後，就比較容易去除瘀血等髒污。在冰水裡面，把髒污洗掉。

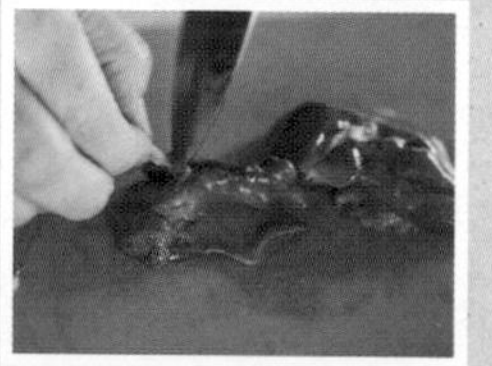

確實把水分擦乾，切成一口大小，一邊去除黃色的脂肪或瘀血。腥臭味消失後，就會更加順口。

Recipe

去除瘀血後，
簡單煎烤

煎雞肝
柚子胡椒風味

材料與製作方法（2～3人份）

雞肝…200g
鹽巴…2撮
柚子胡椒…1小匙
米糠油…½小匙

1 雞肝浸泡冰水10分鐘，在冰水裡面清洗。確實把水分擦乾，切成一口大小，去除瘀血和脂肪。撒鹽。

2 用平底鍋加熱米糠油，把步驟1的雞肝放進鍋裡煎。顏色變成豬肝色，熟透之後，加入柚子胡椒拌炒。

Seafood 4章

「魚」的技巧

魚要挑選包裝沒有漏水的種類。買回家之後，放進冰箱之前，先快速清洗乾淨，撒上鹽巴，放置一段時間，再把水分擦乾。尤其是帶有內臟的魚更有要特別注意。不要忘了馬上取出內臟。如果在帶有腥味的狀態下放進冰箱，美味就會流失。撒鹽的作業一點都不費事，所以努力養成習慣吧！整尾也好，魚塊也能，不論是哪種魚，都要採用相同的預先處理方式。

處理整尾魚是料理的醍醐味，不過，直接交給專業人士處理，也是種不錯的聰明選擇。即便是生鮮超市，只要提出要求，從橫切去骨的三片切法，到內臟去除，超市人員都能親切地協助處理，所以就交給他們吧！如果住家附近有魚販的話，除了買魚之外，也可以透過提問、諮詢，了解更多細節，自然就能烹調出更多美味。畢竟難得買魚，當然要努力烹調出美味。

魚不僅可以生吃，同時也比肉更快熟，屬於烹調時間較短的食材。因此，與其想辦法省略烹調的重點，不如更積極地採用魚類料理，反而才是更聰明的做法。

撒鹽

清洗後，撒鹽，
把水分擦乾。
不論哪種魚都一樣，
去除腥味後，
美味就能加分

Kazuwo's NOTE

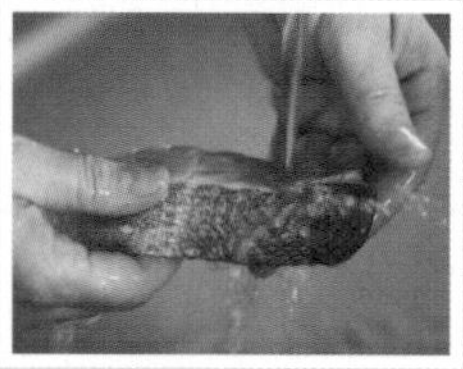

魚快速清洗後，用廚房紙巾把水分擦乾。

盡可能在魚的兩面均勻撒上鹽巴（魚重量的1%），靜置10分鐘。

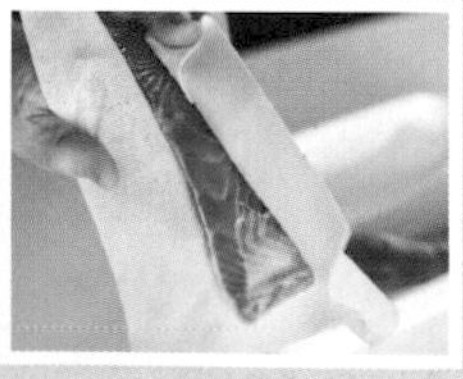

溢出表面的水分帶有魚的腥臭味，所以要用廚房紙巾確實擦乾淨。

魚塊 Fish

Memo

買回家之後，馬上實施上面的步驟，再用保鮮膜包起來，放進冰箱保存。隔天仍然美味不流失。

Recipe

魚排

除了鮭魚，鯛魚同樣也軟嫩美味

材料與製作方法（2人份）

魚塊（生鮭）：2塊（200g）
鹽巴：小於½小匙
胡椒：少許
麵粉：適量
巴西里（碎末）：1小匙
配菜
——馬鈴薯：1顆
——鹽巴：少許
橄欖油：2小匙
奶油：1大匙

1 製作配菜。馬鈴薯去皮，切成一口大小，用淹過馬鈴薯的水烹煮。變軟爛之後，倒掉熱水，開火加熱，一邊搖晃鍋子，讓表面產生粉末後，撒上鹽巴。

2 鮭魚清洗乾淨，把水分擦乾，撒上鹽巴，靜置10分鐘。再次擦乾，撒上胡椒，薄塗上麵粉。

3 用平底鍋加熱橄欖油和奶油，從魚皮開始，用中火煎5分鐘。檢查鮭魚的側面，如果已經熟透一半以上，就可以翻面。魚肉的那一面約煎2~3分鐘後，就可以起鍋。

4 把巴西里混進平底鍋內殘餘的湯汁裡面，淋在鮭魚上面，隨附上步驟1的馬鈴薯。

竹筴魚

Horse mackerel

三片切法

就是把魚分成三等分。
這是相當常用的切法，
請記住這種狀態

從照片上方往下，依序分成上身、中骨、下身三個部分。製作魚排、炸魚，或是生魚片的時候，也必須從三片切開始。不會的話，也不需要勉強自己做，可以拜託魚販或超市人員協助處理。預先處理的方式就跟魚塊相同（參考P.74）。

竹筴魚的尾巴根部有被稱為『稜鱗』的堅硬部分。魚販做三片切的時候，要請對方一併把稜鱗去除。

Memo

請魚販做三片切之後，中骨也要一併帶回家。快速清洗後，把水分擦乾，稍微撒點鹽巴，在太陽底下曬上半天，再用170℃的油下去酥炸，就成了魚骨仙貝。

沙丁魚

Sardines

去除的頭、內臟和中骨。還不習慣這種切法的人，同樣也可以請魚販協助處理。油煎、乾煎、照燒、酥炸等都可以。預先處理的方式就跟魚塊相同（參考P.74）。

背開法

肉質軟嫩的沙丁魚，
不用菜刀，
直接用手剝開成一片

Memo

不打算當天吃的時候，不管是竹筴魚或是沙丁魚，同樣要撒上鹽巴（魚重量的1%），靜置10分鐘，然後再將表面的水分擦乾（參考P.74）。一片片分別用保鮮膜包起來，冷藏保存，隔天再進行烹調。

Recipe

炸竹筴魚

採用三片切，更容易食用

材料與製作方法（2人份）

竹筴魚（三片切）…2尾（200g）
鹽巴…小於½小匙
麵粉、麵包粉…各適量
蛋液…1顆
炸油…適量
檸檬的梳形切…2塊
個人喜愛的沾醬或醬油…適量

1 竹筴魚清洗後，把水分擦乾。撒上鹽巴，靜置10分鐘，再次把水分擦乾。抹上麵粉，裹上蛋液，再確實沾滿麵包粉。

2 放進170℃的炸油裡面，炸3～4分鐘，直到外表變得酥脆。

3 裝盤，附上檸檬。擠上檸檬汁，依個人喜好，搭配沾醬或醬油品嚐。

＊也可以搭配大量的高麗菜絲。

咖哩沙丁魚

製成咖哩風味，也能當成下酒菜

材料與製作方法（2人份）

沙丁魚（背開法）…2尾（240g）
蒜頭（拍碎）…½瓣
鹽巴…2撮
咖哩粉…⅓小匙
麵粉…適量
橄欖油…2小匙
紅洋蔥（縱切成絲）…½顆

1 沙丁魚清洗後，把水分擦乾。撒上鹽巴，靜置10分鐘，再次把水分擦乾。把咖哩粉撒在魚肉部分，整體薄塗上麵粉。

2 把橄欖油和蒜頭放進平底鍋，開小火加熱。產生香氣後，從魚皮開始，用中火香煎沙丁魚。煎至酥脆程度後，翻面，魚肉部分快速煎煮。

3 在盤底鋪上紅洋蔥，把步驟2的沙丁魚放在上面。依個人喜好，附上蒜頭。

Kazuwo's NOTE

魷魚

Squid

剖開

看似複雜，但只要把身體、腳、肉鰭分開就行了，自己試著剖開吧！就算不剝皮也ＯＫ

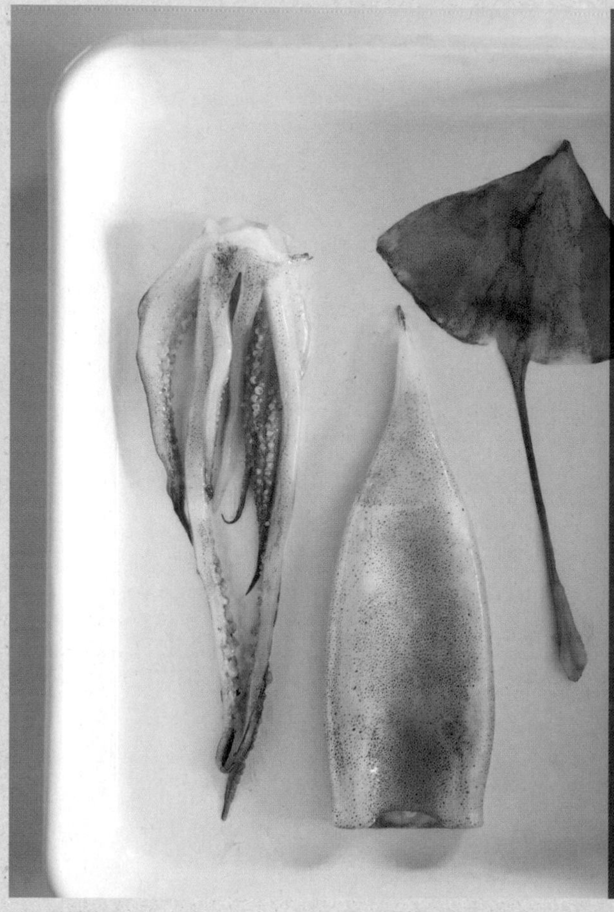

這樣就完成了。照片中由左依序為魷魚腳、身體、肉鰭。

Memo

如果要加熱烹調的話，就算不剝皮也能吃。如果要生吃的話，就要把身體的外皮剝掉。

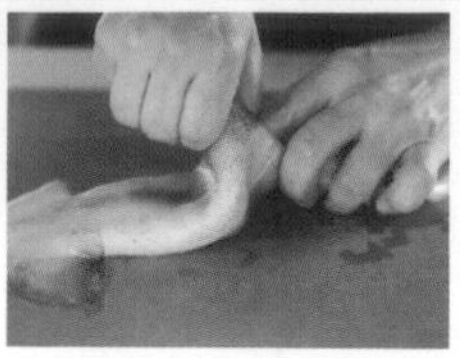

把手指插進魷魚的身體裡面，把內臟和身體、軟骨相連的部分剝開。

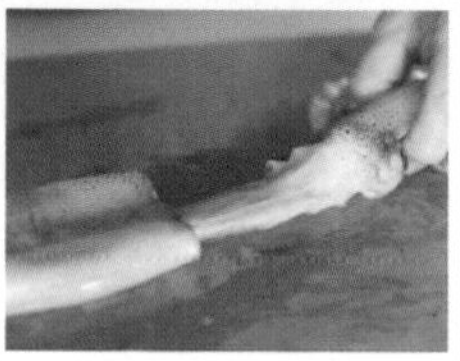

抓住魷魚腳，拉出內臟，取出身體內的軟骨。

壓住身體前端，抓住肉鰭往下拉。

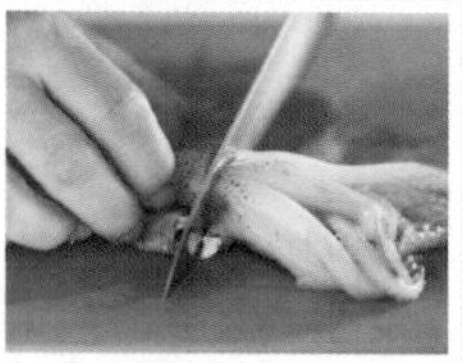

魷魚腳從眼睛的下方入刀，切掉內臟。

從下方，把魷魚腳中央的嘴往外擠出。

腳上較大的吸盤，就用菜刀或手刮除。

Recipe

清爽的檸檬風味

檸檬奶油醬炒魷魚

材料與製作方法（2人份）

日本魷…1尾（350g）
檸檬…½顆
A 鹽巴…2撮
—醬油…1小匙
奶油…1大匙
青紫蘇（切絲）…適量

1 日本魷去除內臟和軟骨。身體切成環狀，肉鰭切成細條，腳切成容易食用的大小，把水分擦乾。

2 把奶油和魷魚放進平底鍋，用中火翻炒，直到魷魚變色。加入A材料調味。關火，擠入檸檬汁。

3 裝盤，鋪上青紫蘇。

檸檬汁要等關火後再擠入，才能留住香氣。

Kazuwo's NOTE

蝦子

Shrimp

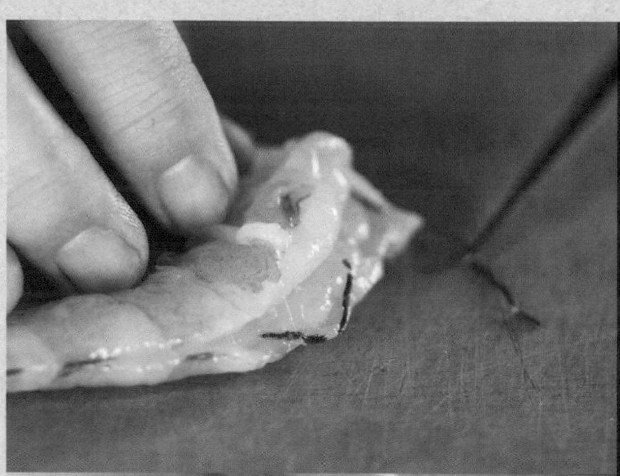

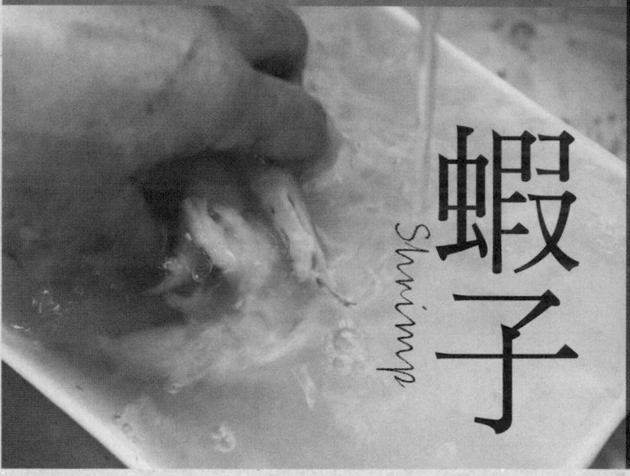

去沙腸

用竹籤挑出沙腸

或在背部切出刀痕，

兩種方法

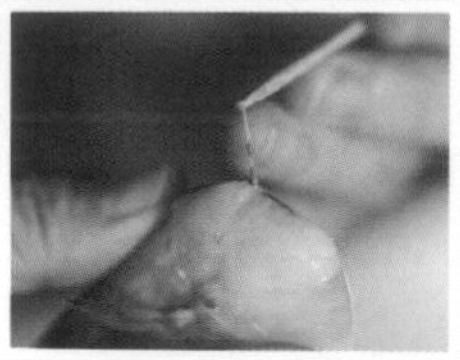

希望保留蝦子外形時，就利用竹籤。在帶殼的狀態下，把蝦背拱起來，將竹籤插進第3節蝦殼的附近，挑出沙腸。

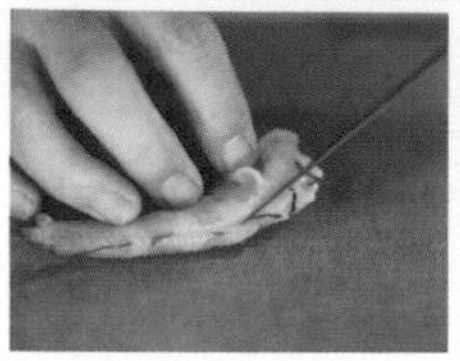

製作炒蝦等時候，把外殼剝掉，在背部切出略淺的刀痕，再用菜刀前端刮出沙腸。

清洗

抹上太白粉後，

確實沖洗，

去除腥味

把大量的太白粉抹在蝦子上面，一邊搓揉。

在流動的水下面沖洗，確實沖洗掉太白粉。

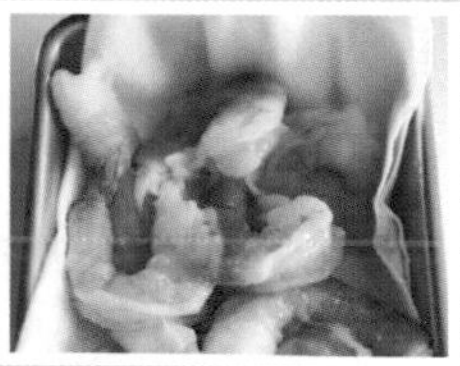

用廚房紙巾把水分擦乾。

Recipe

番茄苦椒炒蝦

鮮美滋味深入切口

材料與製作方法（4人份）

蝦子（無頭）…（中）10尾
洋蔥（細末）…¼顆
蒜頭（細末）…1瓣
鹽巴…2撮
太白粉…適量
A 番茄醬…2大匙
— 苦椒醬、醬油…各1小匙
米糠油…1大匙
芝麻油…1小匙

1 蝦子剝掉蝦殼和蝦尾，在蝦背切出刀口，刮除沙腸。抹上太白粉搓揉，用流動的水沖洗乾淨後，把水分擦乾。撒上鹽巴，薄塗上太白粉。

2 用平底鍋加熱米糠油，把步驟1的蝦子放進鍋裡煎，蝦子變色後，起鍋備用。

3 把芝麻油倒進平底鍋，放入洋蔥、蒜頭拌炒。洋蔥變透明後，加入A材料，把蝦子倒回鍋裡，讓蝦子確實裹滿醬料。

蝦子煎至變色後，取出。

花蛤

Clams

吐沙

就算是
已經吐沙完成的，
還是要
浸泡鹽水吐沙

就算已經吐沙完成，還是有未完全吐沙的情況，所以要浸泡鹽水（鹽分3%左右。1杯水1小匙鹽的比例），稍微蓋上蓋子，或是蓋上報紙，放進冰箱冷藏半天。

吐沙完成後，在流動的水下面，搓洗外殼，確實把髒污搓洗乾淨後再烹調。

牡蠣

Oysters

搖洗

像是在
水裡游動一般，
一個個仔細清洗

髒污會殘留在牡蠣內部，所以要一個個仔細清洗，把牡蠣放進裝有鹽水（鹽分3%左右。1杯水1小匙鹽的比例）的碗裡，像是游泳那樣，左右搖晃清洗。

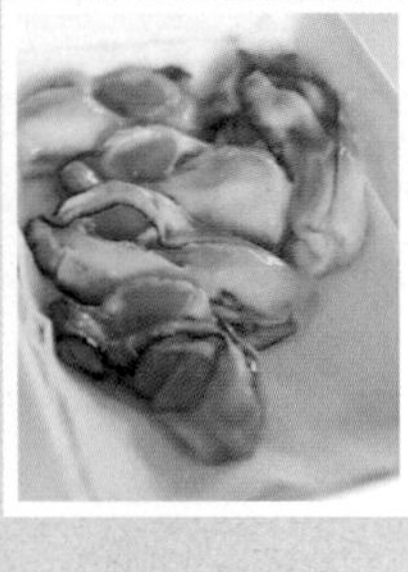

放在廚房紙巾上面，確實吸乾水分後再進行烹調。

Kazuwo's NOTE

Recipe

油也能用來沾麵包

油蒸牡蠣

材料與製作方法（2人份）

牡蠣（加熱用）…6顆
鹽巴…適量
橄欖油…1又½大匙
月桂葉…1片

1 牡蠣在鹽水裡面搖洗，放在廚房紙巾上吸乾水分。

2 把牡蠣排放在小的平底鍋或鍋子裡面，淋上橄欖油，放上月桂葉。蓋上鍋蓋，用中火加熱，悶蒸5分鐘左右。

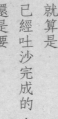

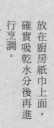

Dry Goods

5章

「乾物」的技巧

乾物買回家後，要整袋一次全部泡軟，一次烹調。因為如果放在包裝裡面不馬上處理，就會這麼一直擱置，結果美味就會流失，甚至留到最後形成浪費。開封之後，豆類的香氣會瞬間流失。蘿蔔乾的顏色會變差，味道變得刺鼻。凍豆腐不是變得太過乾燥，就是會吸附其他味道，完全沒有半點好處。既然如此，就該趁食材美味的時刻進行烹調，烹調後，進行調味、冷凍，才是最聰明的做法。最近市面上也有小包裝的乾物商品，從一開始就挑選小包裝，也是種不錯的選擇。然後，一口氣泡軟之後，也是挑戰新食譜的好機會。

乾物只要沒有開封，就可以長時間保存，所以可以當成長備食材，沒辦法出門採購的時候，乾物就能夠派上用場。雖然有些乾物必須花費較長的浸泡時間，不過，就只是泡水或熱水靜置而已，一點都不費力。養成習慣吧！然後，希望能夠馬上烹調時，就選擇浸泡時間較短的食材吧！

泡軟

花點時間
慢慢泡軟後，
就能品嚐到軟嫩口感

Kazuwo's NOTE

把凍豆腐排放在調理盤內，淋上熱水。

上面擺放蓋子，以避免豆腐浮起。熱水冷卻後，再次添加熱水，一邊注意避免溫度下降，一邊浸泡2~3小時。

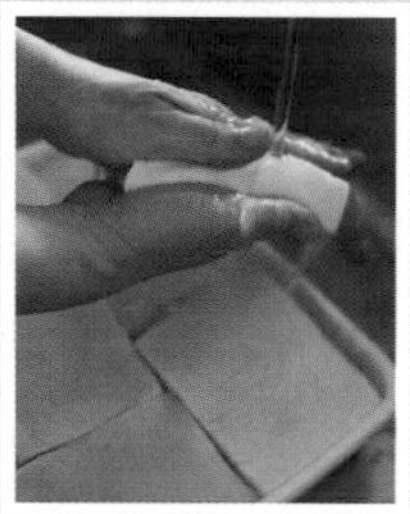

凍豆腐變軟膨脹後，用水按壓清洗，去除乾物的腥臭味。用雙手夾住，確實擠掉水分。

凍豆腐

Freeze-dried tofu

Memo

這次浸泡了12塊（2009）。最近市面上也有無須浸泡的凍豆腐，依廠商不同，也有需要進一步泡軟的種類，所以請仔細確認包裝標示。

飽滿高湯

燉煮凍豆腐

材料與製作方法（3～4人份）

凍豆腐（泡軟）…6塊

A 高湯…2杯

　鹽巴…1小匙

　薄鹽醬油…2小匙

扁豆（去除老筋後水煮）…適量

1 凍豆腐切成對半。

2 把A材料放進鍋裡加熱，倒入步驟1的凍豆腐。沸騰後，加上落蓋，用略小的中火燉煮20分鐘後，放涼。要吃的時候，重新加熱，裝盤，附上扁豆。

＊連同湯汁一起放進保存容器，冷藏保存約可保存3天。

清爽的鹹味

凍豆腐鹽豬捲

材料與製作方法（2人份）

凍豆腐（泡軟）…3塊

鹽豬（參考P.60）…9片

米糠油…2大匙

1 凍豆腐擠掉水分，切成3等分。用1片鹽豬肉片，把1塊凍豆腐捲起來。

2 把步驟1的凍豆腐鹽豬捲放進平底鍋，收口處朝下，用中火加熱。肉捲成形後，進一步把全面煎熟。肉煎熟後，從鍋緣淋入米糠油香煎，表面變得焦脆後，關火。

鹹甜滋味

薑燒凍豆腐

材料與製作方法（2人份）

凍豆腐（泡軟）…3塊

太白粉…適量

A 薑（磨成泥）…1塊

　醬油…1又½大匙

　砂糖、酒、水…各1大匙

米糠油…2大匙

1 凍豆腐把厚度切成對半，再進一步橫切成對半。在兩面抹上太白粉。

2 用平底鍋加熱米糠油，把步驟1的凍豆腐放進鍋裡煎。雙面呈現焦黃色後，淋入混合備用的A材料，讓凍豆腐充分裹滿湯汁。

泡軟

泡水，再用熱水快速汆燙，就能恢復咬勁

Kazuwo's NOTE

羊栖菜放進大量的水裡面浸泡10分鐘。

換水後，充分清洗，去除髒汙。

放進熱水裡面快速汆燙，用濾網撈起，把水分瀝乾。

羊栖菜

Hijiki seaweed

Memo

羊栖菜泡軟後，份量會變成原本的10倍。這次30g羊栖菜芽泡軟之後，重量大約是320g。如果使用的是含有粗莖的長羊栖菜，泡軟之後，要先切成容易食用的大小。

做成沙拉也很美味

羊栖菜洋蔥沙拉

材料與製作方法（2～3人份）

羊栖菜（泡軟）…160g
醬油…½大匙
紅洋蔥（縱切成絲）…30g
火腿（切半後切絲）…1片
A 美乃滋…3大匙
— 醋…少許
— 橄欖油…2大匙

1 把羊栖菜、醬油放進調理碗攪拌，放置10分鐘，擠掉水分。

2 把紅洋蔥、火腿、A材料放進步驟1的調理碗內，充分拌勻。放置15分鐘，再利用各少許的美乃滋、醋（份量外）進行調味。

油香滋潤

蔥炒羊栖菜

材料與製作方法（2～3人份）

羊栖菜（泡軟）…80g
長蔥（4cm長，縱切成對半）…1支
調味榨菜（切絲）…50g
鹽巴…1撮
魚露…½小匙
芝麻油…2小匙

1 芝麻油用平底鍋加熱，用中火翻炒長蔥。長蔥變軟後，倒入羊栖菜、榨菜拌炒。

2 所有食材都變軟後，試味道，再用鹽巴和魚露調味。

以羊栖菜為基底

羊栖菜鯖魚義大利麵

材料與製作方法（2人份）

A 羊栖菜（泡軟）…80g
— 醬油…2小匙
義大利麵…180g
B 鯖魚罐頭（水煮）…½罐
— 橄欖油…2大匙
鹽巴…適量
青紫蘇（切絲）…適量

1 把A材料和½杯水放進小鍋，用略小的中火煮15分鐘。羊栖菜變軟後，用叉子把羊栖菜搗碎成黏糊狀。

2 把步驟1、B材料稍微攪拌備用。

3 把1大匙鹽巴放進2ℓ的熱水裡，依照包裝標示的時間，把義大利麵煮熟。煮熟後，把熱水瀝乾，倒進步驟2的調理碗內，快速拌勻。試味道，用少許的鹽巴調味，裝盤，鋪上青紫蘇。

＊法國麵包抹上羊栖菜醬，同樣也非常美味。

泡軟

搓洗，
去除日曬的腥味，
泡水後，
稍微擠掉水分

蘿蔔乾放進大量的水裡面，一邊搓揉清洗。

換水後，放進大量的水裡面浸泡10～15分鐘。

用濾網撈起，稍微擠掉水分。不要擠太乾，避免蘿蔔乾變得太乾。

Kazuwo's NOTE

蘿蔔乾

'Kiriboshi-daikon'

Memo

這次把80g的蘿蔔乾泡軟，約變成350g。3道料理都可以變成常備菜，所以可放進保存容器冷藏保存，趁新鮮的時候把它吃完。

齒類留香的魅力

醬醃蘿蔔乾

材料與製作方法（2～3人份）

蘿蔔乾（泡軟）…80g

A 昆布絲…1撮（3g）

— 醬油、醋…各1大匙

1 蘿蔔絲用食物剪剪成小段，稍微把水分擠掉（注意不要擠得太乾）。

2 把步驟1的蘿蔔乾和A材料稍微混合攪拌，靜置15分鐘。進一步稍微拌勻，讓味道充分均勻。

也很適合清爽風味

蘿蔔乾胡蘿蔔沙拉

材料與製作方法（2～3人份）

蘿蔔乾（泡軟）…120g

鹽味胡蘿蔔（參考P.15）…80g

檸檬汁…½顆

米糠油…1～2大匙

鹽巴、醬油…各滴量

1 蘿蔔乾切成容易食用的長度。

2 把步驟1的蘿蔔乾、鹽味胡蘿蔔、檸檬汁、米糠油混合攪拌，試味道，用鹽巴和醬油調味。

竹輪化身調味料

蘿蔔乾炒竹輪

材料與製作方法（2～3人份）

蘿蔔乾（泡軟）…150g

竹輪…1條（60g）

高湯…1～1又½杯

A 薄鹽醬油…1～2小匙

味醂…2小匙

— 鹽巴…少許

米糠油…1大匙

1 蘿蔔乾切成容易食用的長度。竹輪切成薄片狀。

2 把米糠油和步驟1的食材放進鍋裡，用中火拌炒。油均勻分布後，分次加入高湯，一邊翻炒。蘿蔔乾膨脹後，試味道，利用A材料調味。

＊竹輪會釋放出鹽分，所以要先試過味道再加調味料。

烹煮

雖然有點費時，不過，剛起鍋的豆子，口感、質地格外美味！

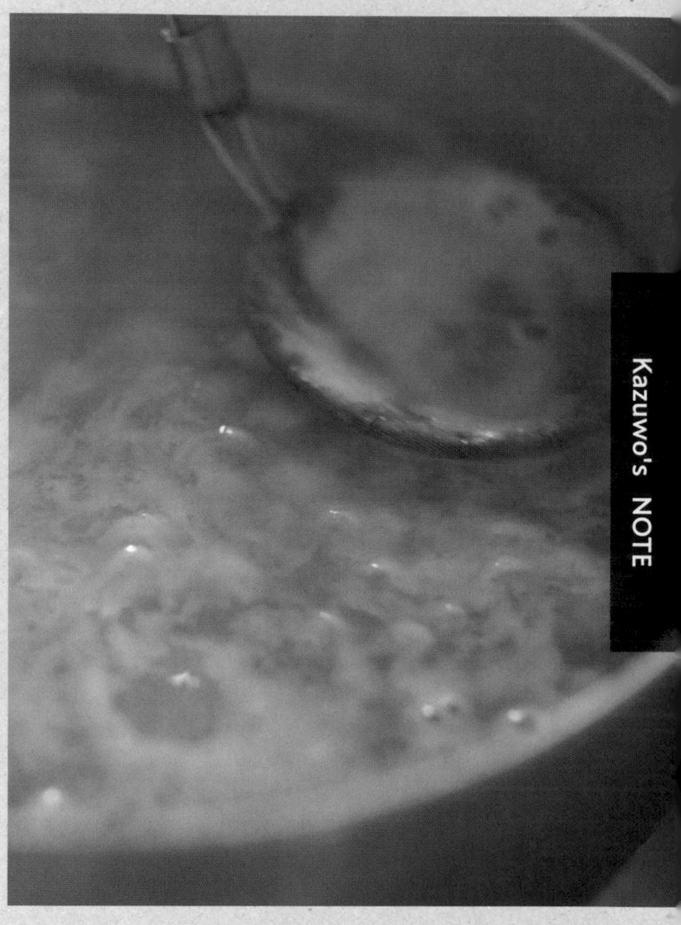

黃豆

黃豆快速清洗，放進鍋子裡，用黃豆3倍左右的水，浸泡1天。氣溫較高的時候，會產生泡沫，所以夏天放進冰箱會比較安心。泡軟至外皮豐潤，沒有皺褶的狀態。

鍋子開火加熱。沸騰後，會產生白色泡沫（浮渣），仔細地把浮渣撈除。蓋上鍋蓋，一邊注意避免湯汁溢出，一邊調整火侯，讓熱度維持在咕嘟咕嘟冒泡的沸騰狀態。湯汁變少的話，就再加水，隨時維持淹過黃豆的水量。

烹煮3～4小時，黃豆呈現舌頭就能壓碎的軟爛程度，透明的湯汁變成金黃色，就是最理想的狀態。

Kazuwo's NOTE

豆類 Beans

Memo

300g的黃豆，烹煮之後變成700g。300g的鷹嘴豆，烹煮後變成500g。連同湯汁一起放涼後，用夾鏈袋分裝，冷凍保存，大約可保存1個月。黃豆可用來燉煮，製作成沙拉、湯品，也可以壓碎製成味噌湯。鷹嘴豆可用來製作沙拉或煮湯。

鷹嘴豆

鷹嘴豆用3倍的水量浸泡一晚，直接烹煮。浮渣比黃豆少。烹煮時間差不多只要1小時就夠了。

令人無法抗拒的豆香

黃豆飯

材料與製作方法（4人份）

黃豆（已經煮好的）：200g
米：2杯
雞腿肉（切成1cm丁塊狀）：1/3片（100g）
A 鹽巴：1/2小匙
　薄鹽醬油：1大匙

1 米清洗乾淨，把水瀝乾，放進飯鍋裡面，加水至2杯米的刻度，浸泡30分鐘。

2 把A材料放進步驟1的飯鍋內攪拌，放進黃豆和雞肉炊煮。煮好之後，快速翻拌。

Recipe

唯有煮過的豆子才有的美味

鷹嘴豆醬

材料與製作方法（容易製作的份量）

鷹嘴豆（已經煮好的）：300g
蒜頭：少許
橄欖油：2～3大匙
孜然：1/3小匙
鹽巴：1/2小匙
法式長棍麵包（切片）：適量

1 把鷹嘴豆和蒜頭放進食物調理機，或用手持攪拌機攪拌，中途分數次加入橄欖油，一邊持續攪拌。呈現柔滑狀態後，混入孜然和鹽巴。抹在法式長棍麵包上面品嚐。

Kazuwo's NOTE

鹽藏裙帶菜

Salted seaweed

泡軟

確實清洗，把鹽洗掉之後，泡水。切的時候要多加注意！

在流動的水下面，把沾在裙帶菜上面的鹽巴沖洗乾淨。

放進大量的水裡面，浸泡10分鐘左右。用濾網撈起，把水分瀝乾。泡軟後，份量會變成3～4倍。

裙帶菜的根部很寬，所以要先把裙帶菜攤開。把根部重疊，對折之後，切掉根部。讓長度和寬度與其他部分一致。

乾香菇、黑木耳

Dried 'Shiitake','Kikurage'

泡軟

用水確實泡軟後，鮮味、香氣就會倍增

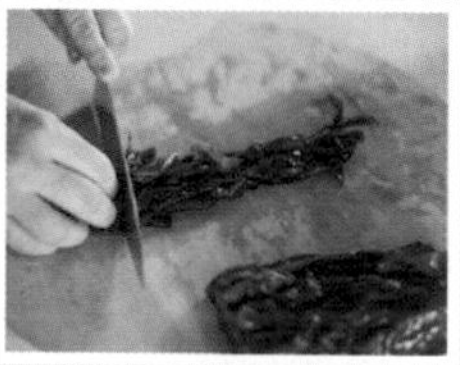

放進瓶子裡，加入幾乎快與瓶子高度相同的水，蓋上瓶蓋，放進冰箱冷藏1天。就算直接冷藏3天也沒問題。香菇切掉菇梗，黑木耳切掉蒂頭。乾香菇泡軟後，份量約增加2倍。黑木耳則約增加3～4倍。

Everyday life

6章

「每日生活」的技巧

基本的調味料全都是依個人喜好而採購。依地區或製造商的不同，特色也各有不同。找尋自己喜歡的味道，也是別有一番樂趣。打開新醬油的日子，屋子裡總會充滿醬油的香氣，只要使用和往常不同的醬油，原本早已吃慣的料理就能產生些許變化。試著把重點放在調味料上吧！先試著走到經常觸手可及的地方看看。那些調味料不僅僅是單純調味的工具，而是一點一滴的提味祕方。加熱的時候，調味料的味道會變得濃郁，只要在肉類調味或熱炒、燉煮料理上積極使用，應該就會逐漸習慣那些味道和使用方法。香草或配料希望新鮮保存，所以要裝進瓶子裡面，或是泡水。如果希望更長時間地保存，就利用醬油或味噌等調味料進行調味，再進行保存。

浸泡是高湯的基礎。就算不經過加熱，只要有一支水瓶就能搞定，非常地方便。只要有『浸泡高湯』，不論是味噌湯或是高湯，都能夠馬上完成，只要有它，就能夠縮短早餐的烹調時間。

基本調味料

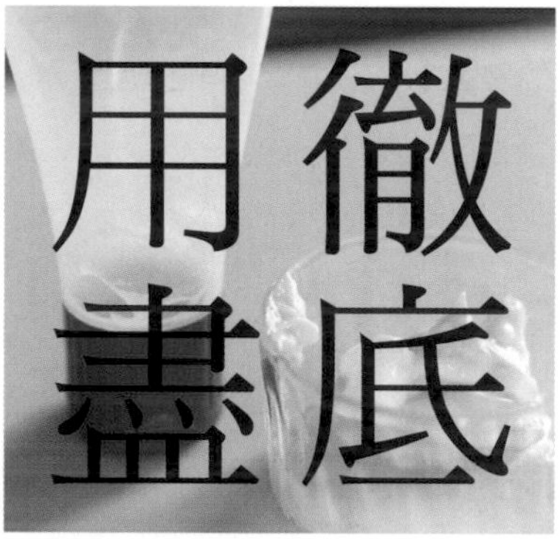

醬油小瓶裝就好，盡早使用完畢

雖然大瓶裝的醬油比較超值，但是，要花上較長的時間才能使用完畢，所以使用到最後，風味都會有明顯的下降。為了趁香氣還很新鮮、味道還很美味的時候，把醬油用完，我個人都是購買小瓶裝的醬油。

炒過的鹽巴，顆粒分明。即便廚藝不佳，也會有專業氣息？

我現在使用的鹽巴是略帶濕氣的類型。到了夏天，鹽巴的溼氣就會更加嚴重，有時也會呈現濕潤的狀態。這個時候，我會用平底鍋把鹽巴炒一炒，讓鹽巴變得乾爽、顆粒分明。雖然之後還是會變濕，不過，鬆散的狀態比較容易使用。

味噌用單一容器收存。可製成『調合味噌』，一眼就能掌握殘量

使用市售味噌的時候，我會常備3種種類的味噌，所以我不會直接放進冰箱冷藏，而是把它們收集在同一個容器裡面。現在，我會自己製作味噌，完成後的味噌會放進夾鏈袋，放進冷凍庫保存。而平常使用的份量則會跟以前一樣，用昆布把味噌的種類分隔開來，放進保存容器，冷藏保存。等到容器裡面的味噌幾乎快用盡時，再把切好的蔬菜放進去，把蔬菜和沾在容器角落的味噌拌在一起，把最後殘餘的味噌用盡，然後再重新裝入新的味噌。

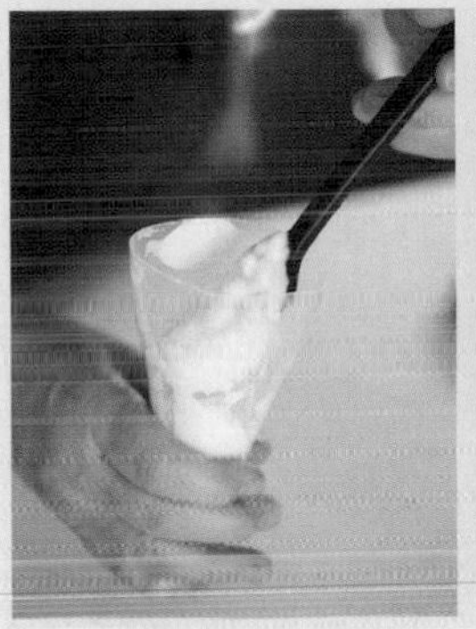

剪開包裝，把殘餘的美乃滋刮出

美乃滋等用軟管包裝的調味料，就如照片那樣，用剪刀把軟管剪開，再用橡膠刮刀把最後殘餘的部分刮出來。仔細收集後會發現，其實殘餘的份量還不少。前端細長的橡膠刮刀比較容易使用。

炸油不要丟，過濾後，成了香氣十足的美味油

製作完炸物，等熱度消退後，在溫熱的時候，用廚房紙巾等過濾，倒進容器存放。這樣就能預防氧化，同時也容易再次利用。可以當成普通的油，應用於熱炒、香煎，甚至是沙拉醬的製作。因為增添了香氣，所以單純燉煮蔬菜的時候，只要先用這種油炒過，再進行燉煮，就能增添濃郁。當然，製作炸物的時候，還是能重複使用。如果能用較少的油製作炸物，處理上也會比較輕鬆。

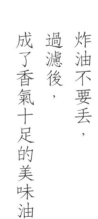

經常剩餘的調味料

左起為魚露、魚醬、蠔油。

不論是日式或是西式，作為提味使用

因為看了食譜而買回家，可是……，卻總是用不完。這種時候，建議試著用它來提味。試著加入幾乎不會讓人吃出味道的份量。蠔油或魚露是用牡蠣或魚所製成的調味料，所以只要稍微添加一些，就能產生猶如高湯般的鮮美滋味。感覺似乎缺一味的時候，不論是日式或是西式都一樣，試著加入少許看看吧！

用蠔油簡單製作

梅炒高麗菜、日本油菜

材料與製作方法（3～4人份）

高麗菜（切成一口大小）…5片（350g）
日本油菜（切成5㎝長）…5株（120g）
洋蔥（4塊梳形切，剝散）…½顆
梅乾…2顆
A 酒…1小匙
— 蠔油…1又½小匙
鹽巴…適量
米糠油…1大匙

1 梅乾把果肉和種籽分開，果肉拍碎，連同種籽一起和A材料混合備用。

2 把洋蔥和米糠油放進較大的鍋子裡，用中火拌炒。洋蔥變透明後，撒上1撮鹽巴，加入高麗菜拌炒，高麗菜裹滿油之後，撒入2撮鹽巴。

3 加入日本油菜，撒入1撮鹽巴，快速拌炒，加入步驟1的醬料充分拌勻。

蠔油和梅乾相當對味，形成酸味醇和的溫和味道。

用魚露製作
馬鈴薯燉肉

材料與製作方法（3～4人份）

A 馬鈴薯（切成一口大小）…4顆
胡蘿蔔（切成一口大小）…1條
洋蔥（切成8等分的梳形切）…2顆
豬五花肉片（切成一口大小）…150g

砂糖…2小匙
魚露、醬油…各1大匙
芝麻油…1大匙

1 把A材料和芝麻油倒進較大的鍋子裡，開中火加熱，晃動鍋子，讓整體裹滿油。

2 倒入低於八分滿的水，加入砂糖燉煮。沸騰之後，放上落蓋，進一步加上蓋子，用略小的中火燉煮15分鐘。

3 馬鈴薯變軟之後，掀開蓋子，加入魚露、醬油，用中火熬煮至湯汁變少為止。

Kazuwo's NOTE

經常剩餘的調味料 徹底用盡

左起為芥末粒、法式芥茉醬、豆瓣醬、咖哩粉。

使用於沾醬、沙拉醬，開創出煥然一新的新滋味

雖然用量並不多，但只要添加一點，就能讓味道有更多層次，這也是另一種創造出新滋味的調味料。芥末和醬油相當速配，所以可以混進醬油裡面，用來拌水煮青菜、豆類、小黃瓜或番茄。應該能夠感受到讓醬油滋味更加顯明的芥末風味。豆瓣醬、咖哩粉很適合搭配醬油、味噌、美乃滋或醋，所以別忘了在沾醬、沙拉醬裡面加上一點。然後，請不要收藏在冰箱的深處。只要放在隨處可見的地方，使用的機會就會增加。

用豆瓣醬作為辣醬

荷包蛋佐豆瓣醬

材料與製作方法（2人份）

雞蛋…2顆
豆瓣醬沾醬
—豆瓣醬、醋…各1大匙
　長蔥、薑（細末）…各1小匙
　醬油…1小匙
米糠油…1大匙

1 豆瓣醬沾醬的材料，混合備用。
2 米糠油用平底鍋加熱，把雞蛋打進鍋裡，用中火煎至個人偏愛的熟度。裝盤，淋上步驟1的豆瓣醬沾醬。

混合後，當成調味料使用，超簡單

通常，這三種罐頭都會有些許殘留。每一種都可以作為調味使用，希望能有鮮明味道，卻又不希望增加調味料的時候，只要試著加上一點點，就能慢慢釋放出鹹淡適中的美味。由於每一種的鹽分都很高，所以只需要添加一點點，就能做出鹽味的層次。這就是發酵食品的神秘力量。可以單獨使用，也可以三種混在一起使用。三種調味料的味道都相當契合，可以混合在一起拌水煮蔬菜，或是鋪在麵包上面，撒上大量起司，製作成起司吐司，或是鋪在水煮蛋上面，又或者切成細碎，混合成沙拉醬。

左起為橄欖（綠色、黑色或是夾心種類）、鯷魚、酸豆。

馬鈴薯沙拉

和切碎的馬鈴薯混合就可以了

材料與製作方法（3～4人份）

綠橄欖（紅椒夾心）、鯷魚、酸豆
…混合後共50g
馬鈴薯（切成一口大小）
…4顆（400g）
橄欖油…3大匙
鹽巴…少許
巴西里（細末）…適量

1 綠橄欖、鯷魚、酸豆切成碎末。

2 馬鈴薯水煮，變軟後，把熱水瀝乾，倒回鍋裡。用中火加熱，晃動鍋子，使水分揮發，表面產生粉末感（粉吹芋）。

3 趁步驟2的馬鈴薯還有熱度時，混入步驟1的調味料、橄欖油，用鹽巴調味。裝盤，撒上巴西里。

3種類的比例依個人喜好。混合的情況會產生不同的鹽味，所以最後要試味道，再用鹽巴調味。

Kazuwo's NOTE

香味蔬菜 妥善保存

香草直接放包裝裡面是NG的。泡水，才能長時間保存

只要讓香草的根莖部份泡水，就能吸收水分，拉長保存期限。要領就跟保存鮮花的方式一樣。照片中的香草是，把庭院的蒔蘿插在瓶子裡，放在常溫下，可保存1星期。青紫蘇的葉子，把莖泡在水裡面，冷藏保存。可維持葉子的彈性。香菜如果是使用葉子部分，就把根部放進水裡浸泡，等待莖或根出場的時刻。不論是哪一種，都要在枯萎之前，趁新鮮的時候，浸泡在水裡面。

蒜頭在常溫下帶皮保存即可

蒜頭就跟洋蔥、馬鈴薯一起，在常溫下保存。如果太過乾燥，導致外皮掀開，或是長出芽的話，就要趕快使用，或是把皮剝掉，製作成蒜頭醬油或油漬蒜頭，再進一步保存。

薑用鋁箔包起來，或是泡水

兩種保存方法都很難取捨。用鋁箔包起來，會有某些部分感覺有點乾燥，但如果泡水保存的話，卻又必須每天花時間換水，到底哪種方法好呢？再視情況選擇吧！不管是哪種方法，關鍵就是避免接觸到空氣。嫩薑保存後，筋會變硬，盡可能早點製作成甜醋薑或是佃煮後，再進行保存。

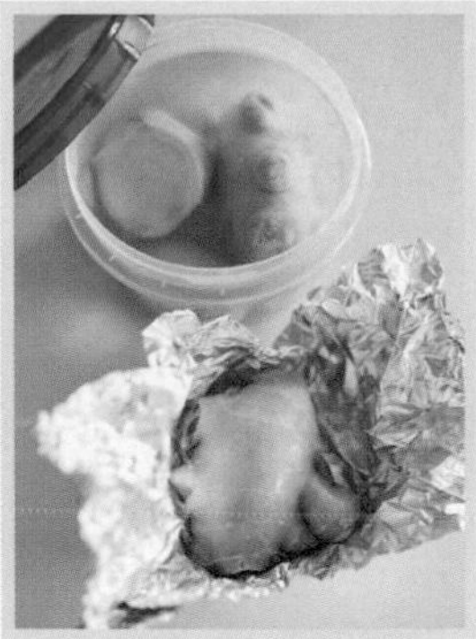

預先製作成醬，成為料理亮點

與其直接保存，用油加以調理，再進行冷藏保存，感覺會更加便利，也有助於菜色的變化。可依照個人喜好，用攪拌器攪拌成膏狀，或是用菜刀切成細末。下面示範的是香菜，不過，青紫蘇、羅勒、蔥、蒜頭、薑，也可以用相同的方法製作。

混入個人喜歡的油

香菜醬

材料與製作方法（約¼杯）

香菜…30g

A 個人喜愛的油…3大匙
— 鹽巴…⅓小匙

1 香菜用攪拌器或食物調理機，攪拌成膏狀。或用菜刀切成細末。

2 把步驟1的香菜和A材料放進瓶內混合。冷藏保存，約可存放1星期。

＊油要使用橄欖油、米糠油、太白芝麻油、芝麻油、花生油等。

用香菜醬製作

白身魚冷盤

材料與製作方法（2人份）

1 把2人份的白身魚生魚片擺放在盤子上，輕撒上鹽巴，把1大匙香菜醬淋在各處。

＊也可以依個人喜好，加上碎核桃或碎花生等堅果。

Kazuwo's NOTE

香味蔬菜 徹底用盡

放進調味料或油裡浸漬。一個簡單的步驟，就能馬上應用於料理

剩餘的香味蔬菜，與其直接保存，不如放進醬油、味噌、油等調味料裡面浸漬，反而更能拉長保存期限。切片或切碎後，直接放進調味料裡面浸漬就可以了，做法相當簡單，不過，並不是這樣就完了，如何應用於料理也是一個問題。不要把它塞在冰箱的深處，盡可能放在顯眼處，讓自己可以隨時取出食用。

切成薄片 味噌薑

材料與製作方法（容易製作的份量）

薑…3塊
味噌…4大匙

薑帶皮切成薄片。和味噌混合後，裝進保存容器，放進冰箱。2天後就可以品嚐。保存期限約10天。

＊剩餘的味噌可再浸泡一次味噌，或是搭配美乃滋或梅肉，製作成醬料，用蔬菜棒沾著吃。除此之外，蒜頭也可以用來製作。

用味噌薑製作 薑飯

材料與製作方法（2人份）

把味噌薑上面的所有味噌擦掉，再進一步切成細末。放進剛煮好的白飯（1杯份量）裡面拌勻。

切成細末

香菜醬油

材料與製作方法（容易製作的份量）

香菜…50g

醬油…3大匙

香菜切成細末，和醬油混合，靜置10分鐘，使味道均勻分佈。冷藏保存，約可保存1星期。

＊除此之外，青紫蘇、蔥、薑、蒜，也可以製作。

切成對半

油漬蒜頭

材料與製作方法（容易製作的份量）

蒜頭…3瓣

橄欖油…適量

蒜頭縱切成對半，剔除蒜芯。擦乾水分後，放進容器裡，加入淹過蒜頭的橄欖油。冷藏保存，約可保存10天。

＊除此之外，薑、香菜、羅勒、巴西里、迷迭香等，也可以製作。

用香菜醬油製作

香菜水煮蛋

材料與製作方法（容易製作的份量）

把2顆熟度符合個人喜好的水煮蛋（參考P.46）橫切成對半，淋上2小匙的香菜醬油。

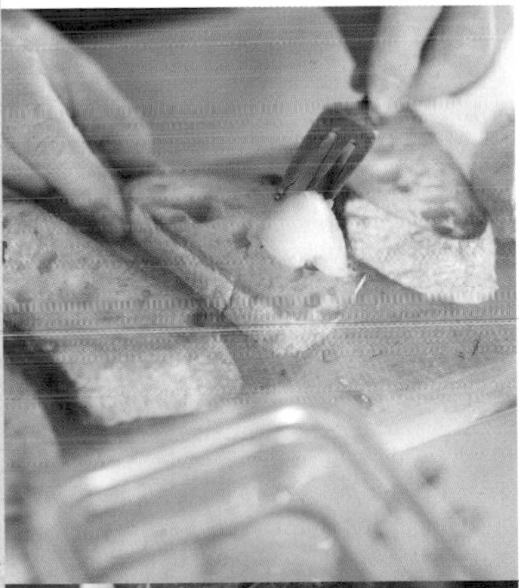

用油漬蒜頭製作

蒜香吐司

材料與製作方法（容易製作的份量）

用叉子叉著油漬蒜頭，把蒜頭放在法國長棍麵包的切口上摩擦。用烤箱烤至酥脆，撒上切成細末的巴西里。

高湯萃取

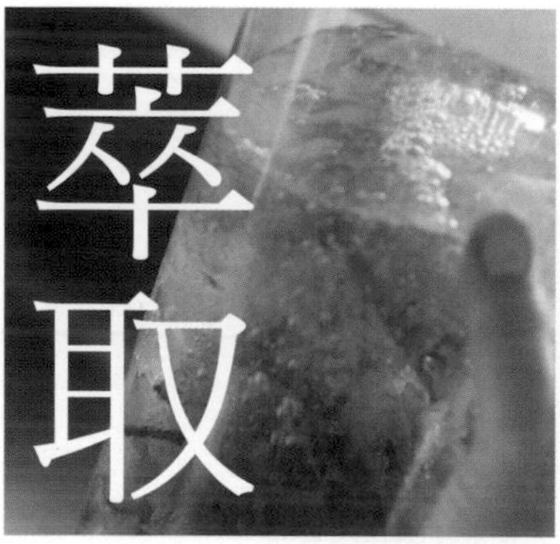

只需浸泡高湯食材就能搞定。迎接每日高湯的日常

我家裡的高湯不是用煮的，而是採用浸泡的方式。把作為高湯原料的柴魚片或昆布放進熱水瓶裡面，再加入熱水就可以了。只要放置20分鐘，高湯食材的精華就會慢慢釋放出來。只要冰箱裡面有浸泡高湯，就能快速製作出各式各樣的湯。趁晚上準備好熱水瓶，把浸泡了高湯食材的水瓶放進冰箱，隔天只要把浸泡高湯加熱，丟入切好的蔬菜，再放進味噌溶解，煮開之後，美味的味噌湯就完成了。

高湯食材，左起為小丁香魚、飛魚乾、柴魚片、昆布、柴魚塊（厚削）。

徹底利用高湯食材，品嚐『二次高湯』的滋味

熱水瓶裡面的浸泡高湯使用完之後，再倒進一次水（最多可使用2次），或是取出高湯食材，放進鍋裡，連同水一起加熱沸騰，就成了二次高湯。烹煮之後，湯會變得比較混濁，不過，味道卻十分濃郁。徹底熬煮，慢慢熬出高湯食材的所有精華。

昆布高湯

材料與製作方法（容易製作的份量）

昆布：30g
水：2ℓ

把材料放進保存容器，在冰箱內放置一晚（6小時以上），加熱使用。

柴魚高湯

材料與製作方法（容易製作的份量）

柴魚片：30g
水：2ℓ

把材料放進保存容器，在冰箱內放置一晚（6小時以上），用廚房紙巾過濾，加熱使用。

小丁香魚、飛魚高湯

材料與製作方法（容易製作的份量）

小丁香魚（或烤飛魚）：約30g
水：2ℓ

把材料放進保存容器，在冰箱內放置一晚（6小時以上），用廚房紙巾過濾，加熱使用。

＊昆布和柴魚片的混合高湯，就是分別把相同份量的「昆布高湯」和「柴魚高湯」混合在一起。萃取出的高湯要在3～4天內用完。

蔬菜涮涮鍋

只要有高湯，火鍋就變得簡單！

材料與製作方法（2～3人份）

高湯（個人喜愛的口味）…5杯
蘿蔔…10㎝長，縱切對半
胡蘿蔔…縱切成½條
牛蒡…½支
馬鈴薯（五月皇后）…1顆
蓮藕…1小節（80g）
長蔥…1支
A 鹽巴…½小匙
　魚露…1～2小匙
柚子胡椒、寒造里日式柚香辣醬、豆瓣醬（參考P.98）…各適量

1 蘿蔔、胡蘿蔔、牛蒡、馬鈴薯，用刨刀削切成薄片。牛蒡和馬鈴薯分別泡水。蓮藕切成片狀或半月切，泡水。長蔥切成10㎝長的細絲。

2 把浸泡高湯倒進陶鍋加熱，加入A材料，放進步驟1的蔬菜烹煮。隨附上柚子胡椒、寒造里日式柚香辣醬、豆瓣醬等沾醬，一邊沾著吃。

把解凍的肉丸子（參考P.57）放進鍋裡，也非常美味。

利用萃取出高湯的剩餘柴魚片
拌飯料

材料與製作方法（容易製作的份量）

柴魚片、醬油…各適量

1 萃取出高湯的柴魚片，不需要把水分擠掉，直接在含有湯汁的情況下，放進平底鍋，用中火加熱。一邊拌炒，使水分揮發，直到呈現酥鬆狀態。

2 關火，熱度消退後，用手搓揉成細碎狀。

3 再次開火加熱，淋上醬油，整體佈滿醬油後，關火，放涼。冷藏保存，約可保存1個月。

＊除了當成拌飯料、配料之外，也可以搭配水煮蔬菜。

利用萃取出高湯的剩餘昆布
昆布炒牛肉

材料與製作方法（2人份）

高湯昆布…2片（70g）
牛肉片（切絲）…200g
鹽巴…2撮
A 味醂、酒…各1大匙
— 醬油…1~1又½大匙
牛油或米糠油…1小匙

1 昆布切成5cm長的細條。牛肉撒上鹽巴。

2 把牛油放進平底鍋，開中火加熱，牛油融化後，放進牛肉翻炒，牛肉變色後，加入昆布拌炒，依序加入A材料，把整體拌炒均勻。

Memo

萃取出高湯後的昆布可以冷凍保存，累積到一定份量後，可以製作成炒物或佃煮。徹底熬煮後的柴魚片，不論怎麼烹調都不好吃，所以要在殘留有些許味道的時候進行烹調。

Column

廚房的小巧思② 各種廚具

菜刀

只要足夠鋒利，就能輕鬆且快速地完成事前準備作業

鋒利便是關鍵所在。沒有所謂的好壞，關鍵就是要經常保養，維持菜刀的鋒利度。食材的切口整齊，味道也會變得更好。

例如番茄。輕輕滑動就能切入的平整切口，和感覺像是向下按壓般的壓迫切口，大家是否體驗過兩種不同切口的番茄滋味？肯定是邊緣平整的番茄比較美味，所以菜刀的保養絕對不能馬虎。只要菜刀足夠鋒利，就能讓作業更輕鬆，同時也能縮短烹調時間。

圓形砧板

轉動砧板，一塊砧板上，什麼都能切

我很喜歡這種圓形的砧板。在空間狹窄的流理臺上，就算稍微超出流理臺，這種圓形的砧板還是能夠維持穩定感。切配料的時候，決定好薑、蔥、青紫蘇的擺放位置，一邊轉動砧板，一邊在各位置切好配料，就不需要不斷地清洗砧板，一次就能搞定。

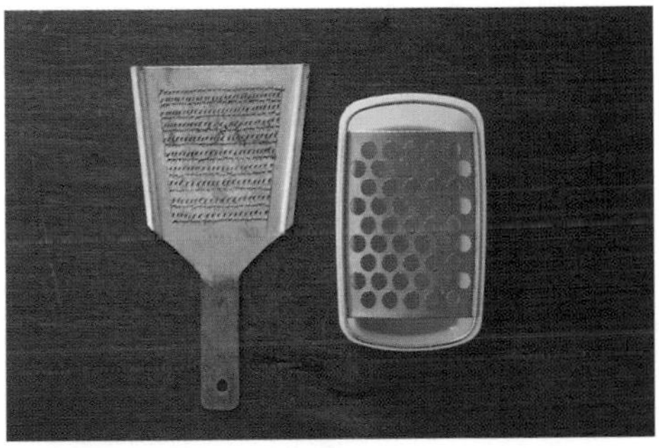

磨泥器

就算再喜歡，
一旦變鈍，
就該毫不猶豫地更換

磨泥器也會變鈍。每當更換新品的時候，新品的鋒利程度總是令人驚訝不已。不需要太過用力，就可以輕鬆製作出蘿蔔泥，非常好用。因為肉眼看不到磨損的部分，所以往往會持續使用而不知道應該更換。

左邊的磨泥器沒有收納盒，所以可能需要使用一段時間才能適應，不過，卻可以磨出柔軟的蘿蔔泥、柔滑的薯蕷。

刨刀

一旦變鈍，
就該更換的消耗品

刨刀也會有磨損情況，感覺變鈍的時候，就該考慮更換。尤其是刨削茄子皮的時候，最能夠判斷出鋒利狀況。

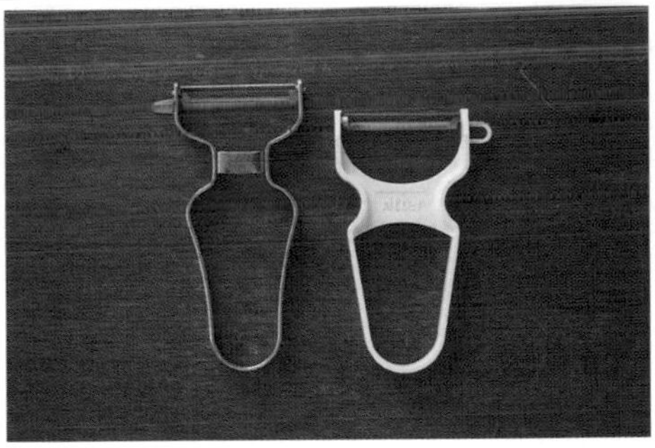

Column

廚房的小巧思② 各種廚具

研缽

唯有研缽
才能製作出柔滑口感。
讓料理變得更有趣

可以把芝麻或豆腐搗碎後，製作成涼拌。也可以用來搗碎水果或水煮豆。雖然也可以用叉子或搗碎器來取代，不過，還是敵不過研缽可以製作出的柔滑口感。

如果用研缽的話，就能製作出口感鬆滑綿密的薯蕷。研缽搓磨食材的聲響，也是料理之一。

蒸籠、蒸鍋

雖然有微波爐，不過，
蒸煮料理的口感就是不同。
別丟在一邊，拿出來使用吧！

蒸籠（照片上方）比較輕，也容易清洗，所以就放在容易拿取的位置。收納的時候要充分晾乾，使用的時候，先用水沖濕，就能讓受熱更加均勻。然後，上桌的時候，也可以連同蒸籠一起上桌。

蒸鍋（照片下方）的密合度高於蒸籠，所以格外適合用來蒸煮茶碗蒸等料理。最近，也有人會用蒸籠或蒸鍋進行保存瓶的加熱、消毒。

依序檢查棚架，把庫存品用完。清空的時候，順便清潔

因為我家裡有許多保存食品、常備菜，所以冰箱裡的冷藏室、冷凍庫總是塞得滿滿的。雖然每隔一段時間，我就會努力地清空……。總之，因為我總是盡可能地保存所有食材，所以冰箱裡總是擺放著許多殘餘的湯汁、沾醬……。因為隨時都可以拿出來用，所以就想著留起來備用，然後就會在不知不覺間被封存在冰箱裡面，有時甚至還會被自己完全遺忘。

為避免浪費，我曾在每隔一周至10天的時候，重新整理一下冰箱，同時順便清潔一下清空的空間。我會把鋪在蔬果室抽屜下方的紙換掉。周末期間，我會把冷凍庫裡面的食材拿出來使用，在減少食材的同時，思考該用有限的食材做些什麼，有時也能藉此激發出新食譜的靈感。

冷藏室、冷凍庫

PROFILE

飛田和緒（Hida Kazuwo）

出生於東京。在長野縣度過三年的高中生活。
目前和先生與女兒三人住在神奈川縣的臨海小鎮。
運用日常創意靈感，巧妙善用食材的簡單食譜，
非常受歡迎。
近幾年致力於味噌、鯷魚等保存食品的製作。
著有《飛田和緒的家庭火鍋（飛田和緒のおうち鍋）》、《飛田和緒的鄉土湯（飛田和緒の郷土汁）》（以上皆由世界文化社出版）等多本著作。

TITLE

飛田和緒　私房料理真功夫

STAFF

出版	瑞昇文化事業股份有限公司
作者	飛田和緒
譯者	羅淑慧
總編輯	郭湘齡
責任編輯	張聿雯
文字編輯	蕭妤秦
美術編輯	許菩真
排版	二次方數位設計　翁慧玲
製版	明宏彩色照相製版有限公司
印刷	龍岡數位文化股份有限公司
法律顧問	立勤國際法律事務所　黃沛聲律師
戶名	瑞昇文化事業股份有限公司
劃撥帳號	19598343
地址	新北市中和區景平路464巷2弄1-4號
電話	(02)2945-3191
傳真	(02)2945-3190
網址	www.rising-books.com.tw
Mail	deepblue@rising-books.com.tw
初版日期	2022年3月
定價	350元

ORIGINAL JAPANESE EDITION STAFF

デザイン	天野美保子
撮影	西山 航（世界文化ホールディングス）
スタイリング	久保原惠理
編集	相沢ひろみ
校正	株式会社円水社
編集部	能勢亜希子

國家圖書館出版品預行編目資料

飛田和緒 私房料理真功夫：時間.食材的究極活用術/飛田和緒作；羅淑慧譯. -- 初版. -- 新北市：瑞昇文化事業股份有限公司, 2022.02
112面；18.2x25.7公分
ISBN 978-986-401-541-2(平裝)
1.CST: 烹飪 2.CST: 食譜
427.8　　110022744

國內著作權保障，請勿翻印 ／ 如有破損或裝訂錯誤請寄回更換
HIDA SAN NO RYORI NO KUFU
Copyright © 2021 Kazuwo Hida
Chinese translation rights in complex characters arranged with
SEKAIBUNKA Publishing Inc.
through Japan UNI Agency, Inc., Tokyo